国家示范性高等职业院校艺术设计专业精品教材

高职高专艺术学门类『十三五』规划教材

Photoshop图像处理实训

Photoshop TUXIANG CHULI SHIXUN

主　编　颜文明　王佳竹　梁喜献

副主编　闵文婷　熊朝阳　王婉秋　汪　梅　孙长清　郑丽伟

参　编　罗　纯　白　鸽　周　莉　欧阳玺　戴　薛　曹雨婷
殷绪顺　朱　婷　丰　婷　赵艺瑾　乔　君

华中科技大学出版社
http://www.hustp.com
中国·武汉

内 容 简 介

本书是根据编者多年的教学和实践操作经验以及对高职高专学生实际情况的了解编写的，包括 Photoshop 基础知识、Photoshop 在平面设计中的应用以及 Photoshop 在环境艺术设计中的应用三大部分内容。本书从行业水平出发，从设计角度入手，精心挑选了高职高专艺术设计专业图形图像处理课程中的七个常用案例，系统地讲解了 Photoshop 的基本操作以及实战应用与技能技巧。

在内容设计上从读者日常生活、学习和工作的实际需求出发，从零开始，逐步深入，突出实战操作与实用技巧的传授，真正让读者学以致用、学有所用。本书既适合作为平面设计人员和环境艺术设计人员的参考用书，也适合作为广大职业院校、计算机培训班的教材。

图书在版编目(CIP)数据

Photoshop 图像处理实训/颜文明，王佳竹，梁喜献主编. —武汉：华中科技大学出版社，2016.8（2023.9 重印）
高职高专艺术学门类"十三五"规划教材
ISBN 978-7-5680-1714-5

Ⅰ.①P…　Ⅱ.①颜…　②王…　③梁…　Ⅲ.①图像处理软件-高等职业教育-教材　Ⅳ.①TP391.41

中国版本图书馆 CIP 数据核字(2016)第 088198 号

Photoshop 图像处理实训　　　颜文明　王佳竹　梁喜献　主编
Photoshop Tuxiang Chuli Shixun

策划编辑：彭中军
责任编辑：张　琼
封面设计：孢　子
责任校对：张会军
责任监印：朱　玢
出版发行：华中科技大学出版社（中国·武汉）
武昌喻家山　　邮编：430074　　电话：(027)81321913
录　　排：华中科技大学惠友文印中心
印　　刷：武汉科源印刷设计有限公司
开　　本：880 mm×1230 mm　1/16
印　　张：10
字　　数：294 千字
版　　次：2023 年 9 月第 1 版第 4 次印刷
定　　价：58.00 元

国家示范性高等职业院校艺术设计专业精品教材

高职高专艺术学门类“十三五”规划教材

基于高职高专艺术设计传媒大类课程教学与教材开发的研究成果实践教材

国家示范性高等职业院校艺术设计专业精品教材

高职高专艺术学门类"十三五"规划教材

基于高职高专艺术设计传媒大类课程教学与教材开发的研究成果实践教材

组编院校(排名不分先后)

广州番禺职业技术学院
深圳职业技术学院
天津职业大学
广西机电职业技术学院
常州轻工职业技术学院
邢台职业技术学院
长江职业学院
上海工艺美术职业学院
山东科技职业学院
随州职业技术学院
大连艺术职业学院
潍坊职业学院
广州城市职业学院
武汉商学院
甘肃林业职业技术学院
湖南科技职业学院
鄂州职业大学
武汉交通职业学院
石家庄东方美术职业学院
漳州职业技术学院
广东岭南职业技术学院
石家庄科技工程职业学院
湖北生物科技职业学院
重庆航天职业技术学院
江苏信息职业技术学院
湖南工业职业技术学院
无锡南洋职业技术学院
武汉软件工程职业学院
湖南民族职业学院
湖南环境生物职业技术学院
长春职业技术学院
石家庄职业技术学院
河北工业职业技术学院
广东建设职业技术学院
辽宁经济职业技术学院
武昌理工学院
武汉城市职业学院
武汉船舶职业技术学院
四川长江职业学院
湖南大众传媒职业技术学院
黄冈职业技术学院
无锡商业职业技术学院
南宁职业技术学院
广西建设职业技术学院
江汉艺术职业学院
淄博职业学院
温州职业技术学院
邯郸职业技术学院
湖南女子学院
广东文艺职业学院
宁波职业技术学院
潮汕职业技术学院
四川建筑职业技术学院
海口经济学院
威海职业学院
襄阳职业技术学院
武汉工业职业技术学院
南通纺织职业技术学院
四川国际标榜职业学院
陕西服装艺术职业学院
湖北生态工程职业技术学院
重庆工商职业学院
重庆工贸职业技术学院
宁夏职业技术学院
无锡工艺职业技术学院
云南经济管理职业学院
内蒙古商贸职业学院
湖北工业职业技术学院
青岛职业技术学院
湖北交通职业技术学院
绵阳职业技术学院
湖北职业技术学院
浙江同济科技职业学院
沈阳市于洪区职业教育中心
安徽现代信息工程职业学院
武汉民政职业学院
湖北轻工职业技术学院
四川传媒学院
天津轻工职业技术学院
重庆城市管理职业学院
顺德职业技术学院
武汉职业技术学院
黑龙江建筑职业技术学院
乌鲁木齐职业大学
黑龙江省艺术设计协会
冀中职业学院
湖南中医药大学
广西大学农学院
山东理工大学
湖北工业大学
重庆三峡学院美术学院
湖北经济学院
内蒙古农业大学
重庆工商大学设计艺术学院
石家庄学院
河北科技大学理工学院
江南大学
北京科技大学
湖北文理学院
南阳理工学院
广西职业技术学院
三峡电力职业学院
唐山学院
苏州经贸职业技术学院
唐山工业职业技术学院
广东纺织职业技术学院
昆明冶金高等专科学校
江西财经大学
天津财经大学珠江学院
广东科技贸易职业学院
武汉科技大学城市学院
广东轻工职业技术学院
辽宁装备制造职业技术学院
湖北城市建设职业技术学院
黑龙江林业职业技术学院
四川天一学院

前言

Photoshop TUXIANG CHULI SHIXUN

QIANYAN

当今，市场上各类计算机图形图像处理技术方面的书籍琳琅满目，但我们发现大部分书籍只是停留在技术和软件的应用层面，而相关专业设计人员更期望在学习计算机软件技术的同时，也能学习建立在艺术层面上的设计创意。当下人们对创意和美感的要求越来越高，软件只是我们实现艺术设计的表现工具，而创意和个人的艺术修养才是真正的主导因素。所以，目前图形图像处理技术教育需要构建一个具备创意设计思想，结合各行各业的实际应用，涉及设计原理、设计方法和设计程序的信息平台。

艺术设计专业方向的计算机辅助设计与表达也存在同样的问题。既能设计出科学合理、创意新颖的方案又能使用相关软件完美表达，不是一件容易的事情。要想拥有优秀的方案设计能力，需要有扎实的专业原理知识、科学的创作方法、积淀深厚的人文素养、丰富的现实生活体验、熟练的专业技术与技能。做好专业的铺垫后设计的图形图像才会真实可信，才会具有强烈的艺术感染力，这是对计算机辅助设计与专业方案设计能力的关系的正确理解。

鉴于此，本书在研讨计算机辅助图形图像设计时，有意做了一些有关专业设计原理的知识介绍。一方面，可以使读者在了解专业知识的基础上更快捷地掌握相关软件的操作方法与技巧；另一方面，方便读者准确定位计算机辅助设计与表达在艺术设计专业各方向中的重要性，同时促使读者以设计师的角度，宏观地看待、学习计算机辅助设计与表达。

本书体现“利学利导”的专业优势，力求将技术与艺术、理论与案例、专业艺术性与应用性案例完美结合，无论在知识点的讲解上还是在应用性案例的制作过程中，原理、设计、图形、数字技术一直贯穿始终，在指导读者提高使用软件技能的同时，更多的是引导和激发读者专业角度的创意与表现，挖掘艺术潜力，潜移默化地提高读者的艺术认知和实践能力。

由于水平有限，加之编写时间仓促，书中难免有不妥之处，敬请专家、设计师及广大读者批评指正。

编　者

2016 年 3 月

目录 MULU

Photoshop TUXIANG CHULI SHIXUN

项目一 Photoshop基础知识

PHOTOSHOP

CHULI

TUXIANG

SHIXUN

项目任务分解

项目任务主要针对学生实训过程要求，对 Photoshop 软件中的常用图形图像知识、工具、菜单命令以及一些常用控制面板进行讲解分析。

项目实施要求

(1) 了解并掌握图形图像知识。

(2) 掌握 Photoshop 图像处理常用工具。

(3) 了解常用的菜单命令。

(4) 了解常用控制面板。

项目实践目标

按照设计者接受知识的难易程度由浅入深布局内容，帮助设计者快速掌握 Photoshop 图像处理的基本工具操作，教设计者使用 Photoshop 进行图形图像处理及创作的技能，指引入门捷径，直通高手殿堂。

单元一 图形图像知识

知识点一　像素与分辨率　ONE

1. 像素

在 Photoshop 中，像素是组成图像的基本单元。一幅图像由许多像素组成，每像素都有不同的颜色值，单位面积内的像素越多，分辨率就越高，图像的效果越好。显示器上正常显示的图像，放大到一定比例后，我们就会看到类似马赛克的效果，每个小方块为一像素，也可以称为栅格，如图 1-1 所示。

2. 分辨率

分辨率是图像的一个重要属性，是指在单位长度内所含有的点(即像素)的多少，用来衡量图像的细节表现力和技术参数。分辨率可分为图像分辨率、显示器分辨率、扫描仪分辨率、打印机分辨率等。图 1-2 所示为分辨率为 72dpi 细节放大 500 倍的显示效果。图 1-3 所示为分辨率为 300dpi 细节放大 150 倍的显示效果。

1) 图像分辨率

图像分辨率就是每英寸图像含有多少个点或含有多少像素，分辨率的单位为点/英寸(英文缩写为 dpi)，例如，

图 1-1

图 1-2

图 1-3

300dpi 就表示该图像每英寸含有 300 个点或像素。在 Photoshop 中也可以以厘米(cm)为单位来计算分辨率。

在数字化图像中,分辨率的高低直接影响图像的品质。分辨率越高,图像越清晰,所产生的文件也就越大,在工作中所需的内存也越大,CPU 处理时间也就越多。所以在制作图像时,不同品质的图像就需设置适当的分辨率,才能经济、有效地制作出作品,例如用于打印输出的图像的分辨率就需要高一些,如果只是在屏幕上显示的作品(如多媒体图像或网页图像)的分辨率就可以低一些。

另外,图像的尺寸大小、图像的分辨率和图像文件大小三者之间有着很密切的关系。分辨率相同的图像,如果尺寸不同,其文件大小也不同,尺寸越大所保存的文件也就越大。同样,增加图像的分辨率,也会使图像文件变大。

2）设备分辨率

设备分辨率是指每单位输出长度所代表的点数和像素。它与图像分辨率有着不同之处，图像分辨率可以更改，而设备分辨率则不可以更改。如平时常见的计算机显示器、扫描仪和数码照相机这些设备，各自都有固定的分辨率。

3）屏幕分辨率

屏幕分辨率又称为屏幕频率，是指打印灰度级图像或分色图像所用的网屏上每英寸的点数，它是用每英寸有多少行来测量的。

4）位分辨率

位分辨率也称位深，用来衡量每像素存储的信息位数。这个分辨率决定在图像的每像素中存放多少颜色信息。如一幅 24 位的 RGB 图像，即表示其各原色 R、G、B 均值，因此每一像素所存储的位数即为 24 位。

5）输出分辨率

输出分辨率是指利用激光打印机等输出设备输出图像时，图像每英寸的点数。

知识点二　颜色模式　TWO

Photoshop 图像的颜色模式直接影响图像的效果，一般分为位图模式、灰度模式、双色调模式、索引色模式、RGB 模式、CMYK 模式、Lab 模式、多通道模式。在图形图像设计中常用颜色模式有以下几种。

1. RGB 模式

RGB 模式是 Photoshop 中常用的一种颜色模式。不管是扫描输入的图像，还是绘制的图像，几乎都是以 RGB 模式存储的。这是因为在 RGB 模式下处理图像较为方便，而且 RGB 图像文件比 CMYK 图像文件要小得多，可以节省内存和存储空间。在 RGB 模式下，用户还能够使用 Photoshop 中所有的命令和滤镜。

RGB 模式：由红、绿、蓝三种原色组合而成，由这三种原色混合形成成千上万种颜色。在 RGB 模式下的图像是三通道图像，每一像素由 24 位的数据表示，其中 RGB 三种原色各使用了 8 位数据表示，每一种原色都可以表现出 256 种不同浓度的色调，所以三种原色混合后就可以生成 1670 万种颜色，也就是我们常说的真彩色，如图 1-4 所示。

2. CMYK 模式

CMYK 模式是一种印刷的模式。它由分色印刷的四种颜色组成，在本质上与 RGB 模式没什么区别。但它们形成色彩的方式不同，RGB 模式形成色彩的方式称为加色法，而 CMYK 模式形成色彩的方式称为减色法。例如显示器采用了 RGB 模式，这是因为显示器可以用电子光束轰击荧光屏上的磷质材料发出光亮从而产生颜色，当没有光时为黑色，光线加到极限时为白色。假如我们采用 RGB 模式打印一份作品，将不会产生颜色效果，因为打印油墨不会自己发光。当所有的油墨加在一起时是纯黑色，当油墨减少时才开始出现色彩，当没有油墨时就出现白色，这种生成色彩的方式就称为减色法。

那么，CMYK 模式是怎样发展出来的呢？理论上，我们只要将 CMYK 模式中的三原色组合在一起就可以生成黑色，但实际上等量的 C、M、Y 三原色混合并不能产生完美的黑色或灰色，因此只有再加上一种黑色后，才会产生图像中的黑色和灰色，为了与 RGB 模式中的蓝色区别，黑色就以 K 字母表示，这样就产生了 CMYK 模式。在 CMYK 模式下的图像是四通道图像，每一像素由 32 位的数据表示，如图 1-5 所示。

在处理图像时，我们之所以一般不采用 CMYK 模式，是因为采用这种模式处理后图像文件大，会占用更多的磁

图 1-4

图 1-5

盘空间和内存。此外，在这种模式下，有很多滤镜都不能使用，编辑图像时有很多不便，因而通常都是在印刷时才转换成这种模式。

3. 位图模式

位图模式只有黑色和白色两种颜色。它的每一像素只包含 1 位数据，占用的磁盘空间小。因此，在该模式下不能制作出色调丰富的图像，只能制作一些黑白两色的图像。当要将一幅彩图转换成黑白图像时，必须转换成灰度模式的图像，然后再转换成只有黑白两色的图像，即位图模式图像。

4. 灰度模式

灰度模式的图像可以表现出丰富的色调，表现出自然界物体的生动形态和景观。但它始终是一幅黑白的图像，就像我们通常看的黑白电视和黑白照片一样。灰度模式中的像素是由 8 位的位分辨率来记录的，因此能够表现出 256 种色调。利用 256 种色调我们就可以使黑白图像表现得相当完美。

灰度模式的图像可以直接转换成黑白图像和 RGB 的彩色图像，同样黑白图像和 RGB 的彩色图像也可以直接转换成灰度模式的图像。但需要注意的是，一幅灰度模式的图像转换成黑白图像后再转换成灰度模式的图像，将不再显示原来图像的效果。这是因为灰度模式的图像转换成黑白图像时，Photoshop 会丢失灰度模式的图像中的色调，而转换后丢失的信息不能恢复。同样的道理，RGB 图像转换成灰度模式的图像也会丢失颜色信息，所以 RGB 图像转换成灰度模式的图像，再转换成 RGB 图像时，显示出来的图像颜色将不具有彩色，如图 1-6 所示。

5. Lab 模式

Lab 模式是一种较为陌生的颜色模式。它由三种分量来表示颜色，如图 1-7 所示。此模式下的图像由三通道组成。通常情况下我们不会用此模式，但使用 Photoshop 编辑图像时，事实上就已经使用了这种模式，因为 Lab 模式是 Photoshop 内部的颜色模式。例如，要将 RGB 模式的图像转换成 CMYK 模式的图像，Photoshop 会先将其从 RGB 模式转换成 Lab 模式，然后再将其由 Lab 模式转换成 CMYK 模式，只不过这一操作是在内部进行的而已。因此 Lab 模式是目前所有模式中包含色彩范围最广泛的模式，它能毫无偏差地在不同系统和平台之间进行交换。

L：代表亮度，范围为 0～100。

a：由绿到红的光谱变化，范围为 －120～120。

b：由蓝到黄的光谱变化，范围为 －120～120。

6. HSB 模式

HSB 模式是一种基于人的直觉的颜色模式，利用此模式可以很轻松地选择各种不同明亮度的颜色。在 Photo-

图 1-6

图 1-7

shop 中不直接支持这种模式，而只能在 Color 控制面板和 Color Picker 对话框中定义这种模式。

HSB 模式描述的颜色有三个基本特征。

H:色相，用于调整颜色，范围 0°～360°。

S:饱和度，即彩度，范围 0～100%，0 时为灰色，100%时为纯色。

B:亮度，颜色的相对明暗程度，范围 0～100%。

7. 双色调模式

双色调是用两种油墨打印的灰度图像：黑色油墨用于暗调部分，灰色油墨用于中间调和高光部分。但是，在实际运用中，更多地使用彩色油墨打印图像的高光部分。要将其他模式的图像转换成双色调模式的图像，必须先将其转换成灰度模式的图像，再将其转换成双色调模式的图像。转换时，我们可以选择单色版、双色版、三色版和四色版，并选择各个色版的颜色。但要注意在双色调模式中颜色只是用来表示“色调”而已，所以在这种模式下彩色油墨只是用来创建灰度级的。当油墨颜色不同时，其创建的灰度级也是不同的。通常选择颜色时，都会保留原有的灰色部分作为主色，其他加入的颜色为副色，这样才能表现较丰富的层次感和质感。

8. 索引色模式

索引色模式在印刷中很少使用，但在制作多媒体或网页时十分实用。因为这种模式的图像文件比 RGB 模式的图像文件小得多，大概只有 RGB 模式图像文件的 1/3，所以可以大大减小文件所占的磁盘空间。一幅图像转换成索引色模式后，就会激活“图像”→“模式”→“颜色表”命令，以便编辑图像的颜色表。RGB 和 CMYK 模式的图像可以表现出完整的各种颜色使图像完美无缺，而索引色模式则不能完美地表现出色彩丰富的图像，它只能表现 256 种颜色，因此索引色模式图像会有失真的现象，这是索引色模式的不足之处。索引色模式是根据图像中的像素统计颜色的，然后将统计后的颜色定义成一张颜色表。因为它只能表现 256 种颜色，所以在转换后只选出 256 种使用最多的颜色放在颜色表中。对于颜色表以外的颜色，程序会选取已有颜色中最相近的颜色或使用已有颜色模拟该种颜色。因此，索引色模式的图像在 256 色 16 位彩色的显示屏幕下所表现出来的效果并没有很大区别，如图 1-8 所示。

图 1-8

知识点三 图像格式 THREE

Photoshop 提供了多种图像格式。根据不同的需要，用户可以选择不同的文件格式保存图像。图像格式包括 PSD 格式、BMP 格式、PDF 格式、JPEG 格式、GIF 格式、TGA 格式、TIFF 格式、PNG 格式等。在设计中常用的图像格式有以下几种。

1. PSD 格式

PSD 格式是使用 Adobe Photoshop 软件生成的图像格式，这是种支持 Photoshop 中所有的图层、通道、参考线、注释和颜色模式的格式。在保存图像时，若图像中包含有图层，则一般都用 Photoshop(PDS)格式保存。若要将具有图层的 PSD 格式图像保存成其他格式的图像，则在保存时会合并图层，即保存后的图像将不具有任何图层。

保存成 PSD 格式时会压缩文件以减小占用磁盘空间，但 PSD 格式所包含图像数据信息较多(如图层、通道、剪辑路径、参考线等)，因此 PSD 格式的图像文件较大。但由于 PSD 格式文件保留所有原图像数据信息(如图层)，因而它修改起来较为方便，这是 PSD 格式文件的优越之处。

2. GIF 格式

GIF 格式是 CompuServe 提供的一种图形格式，它也可使用 LZW 压缩方式压缩文件以减小文件占用的磁盘空间，因此也是一种经过压缩的格式。这种格式可以支持位图、灰度和索引颜色的颜色模式。GIF 格式还可以广泛应用于因特网的 HTML 网页文档中，但它只能支持 8 位(256 色)的图像文件。

3. JPEG 格式

JPEG 格式的图像通常用于图像预览和一些超文本文档(HTML 文档)中。JPEG 格式图像文件的最大特色就是文件比较小。JPEG 格式是目前所有格式中压缩率最高的格式。但是 JPGE 格式在压缩保存的过程中会以失真方式丢掉一些数据，因而保存后的图像与原图像有所差别，没有原图像的质量好，因此用于制作印刷品的图像文件最好不要用此图像格式。

4. PNG 格式

PNG 格式是 Netscape 公司开发的格式，但它不同于 GIF 格式只能保存 256 色(8 位)图像，PNG 格式可以保存 24 位(1670 万色)的真彩色图像，并且支持透明背景和消除锯齿边缘的功能，可以在不失真的情况下压缩保存图像。但由于 PNG 格式不支持所有浏览器，且所保存的文件也较大而影响下载速度，所以网页中使用的图像多为 GIF 格式而 PNG 格式的少些。但我们相信随着网络的发展和因特网传输速度的改善，PNG 格式将是未来网页中使用的一种标准图像格式。

5. TIFF 格式

TIFF 格式文件便于在应用程序之间和计算机平台之间进行图像数据交换。因此，TIFF 格式文件应用非常广泛，可以在许多图像软件和平台之间转换。TIFF 格式是一种灵活的位图图像格式。TIFF 格式支持 RGB 模式、CMYK 模式、Lab 模式、索引色模式、位图模式和灰度模式，并且在 RGB、CMYK 和灰度三种颜色模式中还支持使用通道、图层和路径的功能，只要在“另存为”对话框中勾选“图层”“Alpha 通道”“专色”复选框即可。

6. BMP 格式

BMP 图像文件最早应用于微软公司推出的 Microsoft Windows 系统，是一种 Windows 标准的位图式图形文件格式，它支持 RGB 模式、索引色模式、灰度模式和位图模式，但不支持 Alpha 通道。

7. EPS 格式

EPS 格式应用非常广泛，可以用于绘图或排版，是一种专门为打印图形和文字而设计的一种编程语言格式。它的最大优点是可以在排版软件中以低分辨率预览，将插入的文件进行编辑排版，而在打印或出胶片时则以高分辨率输出，做到工作效率与图像输出质量兼顾。

8. PDF 格式

PDF 格式是 Adobe 公司开发的用于 Windows、Mac OS、UNIX 和 DOS 系统的一种电子出版软件的文档格式。它以 PostScript Level 2 语言为基础，因此可以覆盖矢量式图像和点阵式图像，并且支持超级链接。PDF 文件是由 Adobe Acrobat 软件生成的文件格式，该格式文件可以存有多页信息，其中包含图形、文档的查找和导航功能。因此，使用该软件不需要排版或图像软件即可获得图文混排的版面。由于该格式支持超文本链接，因此是网络文件经常使用的格式。

PDF 格式支持 RGB 模式、索引色模式、CMYK 模式、灰度模式、位图模式和 Lab 模式，并且支持通道、图层等数据信息。PDF 格式还支持 JPEG 和 ZIP 的压缩格式(位图模式不支持 ZIP 压缩格式保存)。

知识点四　图像类型　FOUR

在计算机中，图像是以数字方式记录、处理和保存的，所以图像也可以说是数字化图像。图像类型大致可以分为矢量式图像与位图式图像两种。这两种类型的图像各有特色，也各有优缺点，两者各自的优点恰好可以弥补另一方的缺点。因此在绘图与图像处理的过程中，往往需将这两种类型的图像交叉运用，才能取长补短，使用户的作品更为完善。

1. 矢量式图像

矢量式图像以数学描述的方式来记录图像内容。它的内容以线条和色块为主，例如一条线段的数据只需要记录两个端点的坐标、线段的粗细和色彩等。因此它的文件所占的容量较小，也可以很容易地进行放大、缩小或旋转等操作，并且不会失真，可用于制作 3D 图像。但这种图像有一个缺点，即色调不够丰富或色彩变化不多，而且图形不够逼真，无法像照片一样精确地描述自然界的景观，同时也不易在不同的软件间交换数据。

制作矢量式图像的软件有 FreeHand、Illustrator、CorelDRAW、AutoCAD 等，美工插图与工程绘图多数利用此类软件进行，如图 1-9 所示。

图 1-9

2. 位图式图像

位图式图像弥补了矢量式图像的缺陷，制作出的图像颜色丰富、色调变化多，可以逼真地表现自然界的景观，同时也可以很容易地在不同软件之间交换文件，这就是位图式图像的优点。而其缺点是无法制作真正的 3D 图像，并且图像缩放和旋转时会产生失真现象，同时文件较大，对内存和硬盘空间容量的需求也较高。

位图式图像是由许多点组成的，这些点称为像素。当许许多多不同颜色的点(即像素)组合在一起后便构成了一幅完整的图像，例如照片由银粒子组成，屏幕图像由光点组成，印刷品由网点组成。位图式图像在保存文件时，它需要记录下每一像素的位置和色彩数据，因此，图像像素越多(即分辨率越高)，文件也就越大，处理速度也就越慢。但由于它能够记录下每一个点的数据信息，因而可以精确地记录色调丰富的图像，可以逼真地表现自然界的图像，达到照片般的品质。

Adobe Photoshop 属于位图式的图像软件，用它保存的图像都为位图式图像，但它能够与其他矢量图像软件交换文件，且可以打开矢量式图像。在制作 Photoshop 图像时，像素越多和密度越高，图像就越逼真。记录每一像素或色彩所使用的位的数量，决定了它可能表现出的色彩范围，如图 1-10 所示。

图 1-10

单元二

常用工具

Photoshop 中的工具以图标形式聚集在一起，在键盘中按相应的快捷键，即可从工具箱中选择相应的工具。用鼠标右击图标右下角的三角形图标，或者按住工具按钮不放，都会显示其他具有相似功能的隐藏工具。

知识点一 选框工具 ONE

矩形选框工具/椭圆选框工具/单行选框工具/单列选框工具：分别用于创建矩形、椭圆形、单行和单列选区。

套索工具/多边形套索工具/磁性套索工具：多用于创建曲线、多边形或不规则形态的选区，各工具的图标如图 1-11 所示。

快速选择工具/魔棒工具：根据颜色快速选择大面积选区，各工具的图标如图 1-12 所示。

裁剪：用于画面的裁剪，根据图片上下左右构图进行快速裁剪，其图标如图 1-13 所示。

移动：用于图像的移动，根据图片位置进行移动，其图标如图 1-14 所示。

切片工具/切片选择工具：在制作网页时，用于切割图像，各工具的图标如图 1-15 所示。

图 1-11　图 1-12　图 1-13　图 1-14　图 1-15

知识点二　图像处理工具　TWO

污点修复画笔工具/修复画笔工具/修补工具/红眼工具:分别用于复原图像,以及消除红眼现象,各工具的图标如图 1-16 所示。

画笔工具/铅笔工具/颜色替换工具:用于表现毛笔或铅笔效果,各工具的图标如图 1-17 所示。

仿制图章工具/图案图章工具:用于复制特定图像,并将其粘贴到其他位置,各工具的图标如图 1-18 所示。

历史记录画笔工具/历史记录艺术画笔工具:利用画笔工具表现独特的毛笔质感或复原图像,各工具的图标如图 1-19 所示。

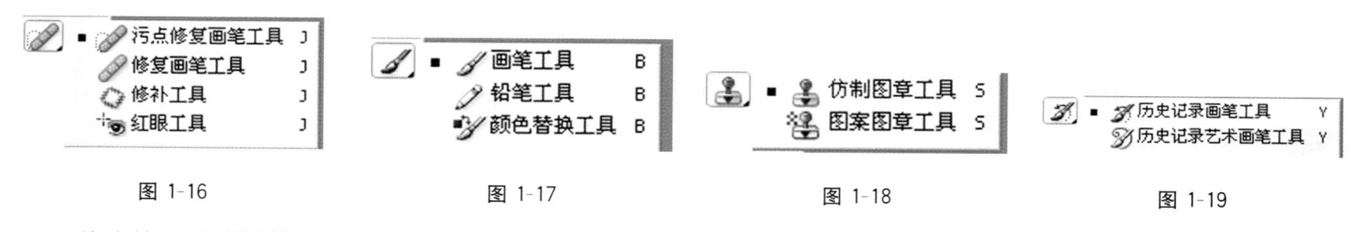

图 1-16　图 1-17　图 1-18　图 1-19

橡皮擦工具/背景橡皮擦工具/魔术橡皮擦工具:用于擦除图像,或者用指定的颜色删除图像,各工具的图标如图 1-20 所示。

渐变工具/油漆桶工具:用特定的颜色或者渐变色进行填充,各工具的图标如图 1-21 所示。

模糊工具/锐化工具/涂抹工具:用于模糊处理或鲜明处理图像,各工具的图标如图 1-22 所示。

减淡工具/加深工具/海绵工具:用于调整图像的色相和饱和度,各工具的图标如图 1-23 所示。

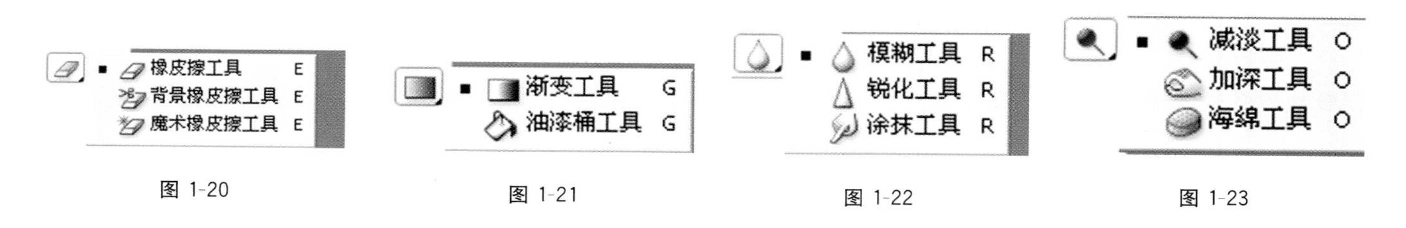

图 1-20　图 1-21　图 1-22　图 1-23

知识点三　路径工具　THREE

钢笔工具/自由钢笔工具/添加锚点工具/删除锚点工具/转换点工具:用于绘制、修改或对矢量路径进行变形,各工具的图标如图 1-24 所示。

横排文字工具/直排文字工具/横排文字蒙版工具/直排文字蒙版工具:用于横向或纵向输入文字或文字蒙版,各工具的图标如图 1-25 所示。

路径选择工具/直接选择工具:用于选择或移动路径和形状,各工具的图标如图 1-26 所示。

矩形工具/圆角矩形工具/椭圆工具/多边形工具/直线工具/自定形状工具:分别用于制作矩形、圆角矩形等,各工具的图标如图 1-27 所示。

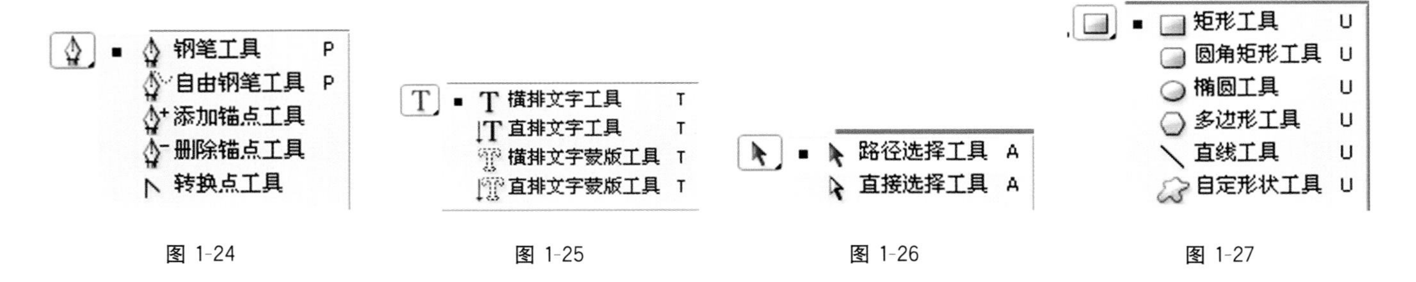

图 1-24 图 1-25 图 1-26 图 1-27

知识点四 辅助工具 FOUR

缩放:主要用于画面、视图的放大和缩小操作,其图标如图 1-28 所示。

抓手:主要用于画面、视图的平移,以及拉近或拉远视角操作,其图标如图 1-29 所示。

吸管工具/颜色取样器工具/标尺工具/计数工具:用于取出色样或者度量图像的角度或长度,各工具的图标如图 1-30 所示。

图 1-28 图 1-29 图 1-30

单元三 常用菜单命令

运行 Photoshop,可以看到用来进行图像操作的各种工具、菜单以及面板的默认操作界面。本单元将学习 Photoshop 图像处理的主要菜单操作。

知识点一　“文件”菜单 ONE

打开、关闭、保存、打印等是 Photoshop 中的基本操作，下面就介绍可以完成这些操作的命令，这些命令集成在“文件”菜单中。

1. 新建画布

“文件”→“新建”命令（或按快捷键 Ctrl + N），在弹出的“新建”对话框中可以设置图片的大小、分辨率、背景色等，如图 1-31 所示。“新建”对话框中各项的设置说明如下。

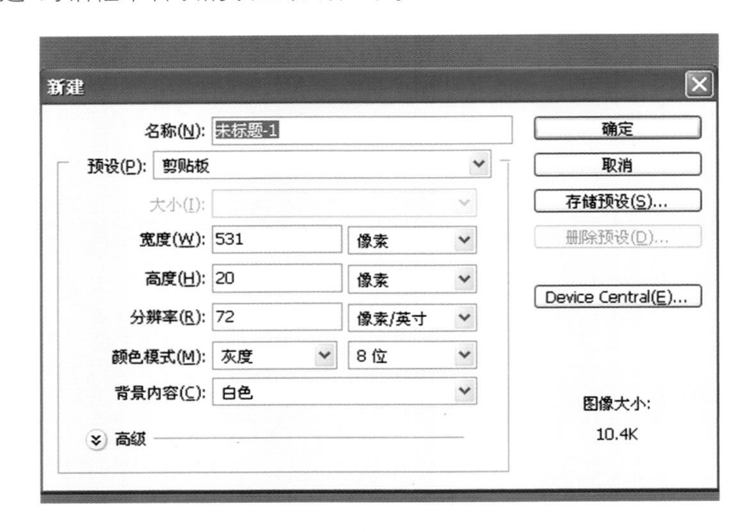

图 1-31

预设：选择“自定”选项。可以自定义文件的大小，或者直接采用 Photoshop 提供的固定图像大小。

宽度/高度：在这里输入文件的长和宽。

分辨率：设置图像的清晰度。印刷品中的图像的分辨率一般设置为 300 像素/英寸，网页中图像的分辨率一般设置为 72 像素/英寸。

颜色模式：在这里选择新建画布的色彩模式，有位图、灰度、RGB 颜色、CMYK 颜色、Lab 颜色模式。一般常用的为 RGB 颜色和 CMYK 颜色。

背景内容：设置文件的背景。选择“白色”可以将背景色设置为白色，选择“背景色”则会采用当前背景色作为图像的背景色，选择“透明”则背景被设置为透明区域。

2. 打开文档

执行“文件”→“打开”命令（或按快捷键 Ctrl + O）可打开指定的图像文件，不仅支持 Photoshop 文件格式（* psd），还支持 Illustrator 文件格式（* ai）、胶片格式（* tim）等多种类型的文档格式。

执行“文件”→“在 Bridge 中浏览”命令（或按快捷键 Alt + Ctrl + O）会显示 Bridge 窗口，在该窗口中用户可以系统地管理并快速查找图片资源。通过树形结构可以浏览主目录和子目录中的内容，可以非常方便、快速地定位图片所在位置，并对图片进行旋转、删除、更名、排序等操作。

执行“文件”→“打开为”命令（或按快捷键 Alt + Shift + Ctrl + O）可以将 Photoshop 不支持的格式的图像显示在预览窗中，并可将其以指定的格式打开。

执行“文件”→“最近打开文件”命令可看见最近打开过的图片显示在菜单中。如果要调整显示在此处的文档个数，可以执行“编辑”→“首选项”→“文件处理”命令，并修改“近期文件列表包含”的参数值。

执行“文件”→“关闭”命令（或按快捷键 Ctrl＋W）可将 Photoshop 中打开的文件关闭。如果用户已经通过 Photoshop 对图像进行了修改，就会弹出对话框，询问用户是否要保存已进行的修改，若单击“是”按钮，则会保存修改；若单击“否”按钮，则不保存修改。

执行“文件”→“关闭全部”命令（或按快捷键 Alt＋Ctrl＋W）可将当前 Photoshop 中已经打开的文件全部关闭。

执行“文件”→“关闭并转到 Bridge”命令（或按快捷键 Shift＋Ctrl＋W）可关闭打开的图片文档并转到 Bridge。

执行“文件”→“存储”命令（或按快捷键 Ctrl＋S）可将打开的文档保存到硬盘中。如果文档是已经保存过的，则会沿用原有的文件格式以及名称进行保存。对话框中提供“作为副本”选项，可以在不影响原图的情况下只保存文件的一个副本。

执行“文件”→“存储为”命令（或按快捷键 Shift＋Ctrl＋S），以新的文件格式及文件名保存文件，如图 1-32 所示。“存储为”对话框中的各项说明如下。

图 1-32

文件名：输入符合要求的文件名称。

格式：指定文件格式。根据文件格式的不同，“存储选项”中的选项也会有所不同。

存储：提供保存选项，包括以下五项。

①作为副本：保存文件的副本。

②注解：将文件中添加的注释信息也一并保存。

③Alpha 通道：将文件中包含的 Alpha 通道一并保存。

④专色：决定是否在保存图像时保存专色通道。

⑤图层：保存构成图像的各图层信息。

颜色:提供文件保存时的颜色模式选项,包括以下两项。

①"使用校样设置;工作中的 CMYK":将文件保存为印刷用图像时,可勾选该复选项。如果要将图像输出为印刷用胶片,则必须对其进行 CMYK 四色分版处理。

②"ICC 配置文件;Dot Gain 15%":勾选该复选项,将图像以标准 RGB 格式保存。

缩览图:保存图像预览缩览图。

使用小写扩展名:勾选该复选项后,图片后缀名显示为小写字母。

提示框:根据保存的文件格式的不同,会有不同的提示信息显示在此提示框中。

执行"文件"→"存储为 Web 和设备所用格式"命令(或按快捷键 Alt + Shift + Ctrl + S)可以将图片优化、压缩或者调整颜色数之后加以保存。可以比较要应用于 Web 上的图片与原图的画质以及文件大小,以便获得最佳的效果。

执行"文件"→"恢复"命令(或按 F12 键)可将文件恢复为最近一次保存的状态。

执行"文件"→"置入"命令将 Illustrator 的 AI 格式文件以及 EPS、PDF、PDP 文件打开并导入当前操作的文件中。

执行"文件"→"导入"命令可以导入 PDF 图片、数码相机拍摄的照片或由扫描仪扫描得到的图片。将数码相机或者扫描仪连接到计算机系统中,即可在 Photoshop"文件"菜单的"导入"子菜单中看到相应导入文件的命令。

执行"文件"→"导出"命令可将 Photoshop 文件导出。

知识点二 "编辑"菜单 TWO

1. 填充

使用"填充"命令对选取范围进行填充,是制作图像的一种常用手法。该命令的功能类似于油漆桶工具的功能,又与油漆桶工具的功能有所不同,利用"填充"命令除了能填充颜色之外,还可以填充图案和快照内容,如图1-33所示。"填充"对话框中各项说明如下。

图 1-33

内容:在"使用"下拉列表中可选择要填充的内容,如可选择"前景色""背景色""图案""历史记录""黑色""50%灰色"以及"白色"。当选择"图案"方式填充时,对话框中的"自定图案"下拉列表框会被激活,从中可选择用户定义的图案进行填充。

混合:用于设置不透明度和色彩混合模式。

保留透明区域:填充图层颜色时,可以保留透明的部分不填入颜色。该复选项只有对透明的图层进行填充时有效。

2. 描边

使用"描边"命令可以在选取范围或图层周围绘制出边框,如图1-34所示。在执行"描边"命令之前先选取一个范围或选中一个已有内容的图层(注:如果当前所选图层是背景层,则必须先选取范围),然后执行"编辑"→"描边"命令。

3. 变换

执行“编辑”菜单下“变换”子菜单中的命令可以对当前层的图像进行移动、缩放和旋转等。“变换”命令对背景层是不起作用的，如图 1-35 所示。

图 1-34

图 1-35

缩放：可以调整当前层的图像大小。

旋转：可以对当前层的图像进行角度的旋转调整。

斜切：可以对当前层的图像进行斜方向的变换。

扭曲：可以对当前层的图像进行扭曲变形。

透视：可以对当前层的图像进行透视调整。对四个角进行拖动操作就可以变换不同的透视角度。

变形：可以对当前层的图像进行变形设置。

旋转命令组：可以对当前层的图像进行角度的固定数据旋转调整，这里的旋转主要有三种方式，旋转 180 度、旋转 90 度(顺时针)和旋转 90 度(逆时针)。

翻转命令组：可以对当前层的图像进行翻转，有两种形式，一种是水平翻转，另一种是垂直翻转。

知识点三 “图像”菜单 THREE

“图像”菜单命令通常用于数码照片处理，利用“图像”菜单命令可以转换图像的颜色模式，例如将 CMYK 模式转换为 RGB 模式，便于使用更多的功能和命令，还可以调整图像的各种颜色，还原图像的清晰度，此外还可以配合图像构图进行裁剪、旋转等操作。

数码相机用户如果想修改自己拍摄的照片，或者将照片变为自己需要的颜色，就必须掌握“图像”菜单中的这些命令。特别是将最终制作结果调整为最佳的图像尺寸，或者按照需要的方向进行旋转的命令，在图像的打印输出中尤为重要。

执行“图像”→“模式”命令，设置图像的颜色类型。

执行“图像”→“调整”命令，将图像更改为需要的颜色。

执行“图像”→“图像大小”命令，调整图像的尺寸和分辨率。

执行“图像”→“画布大小”命令，调整工作区域。

执行“图像”→“图像旋转”命令，旋转或翻转整幅图像。

执行“图像”→“复制”命令，创建当前打开图像的副本。

1. 图像的颜色模式

Photoshop 在“图像”菜单的“模式”子菜单中提供了各种可以设置图像颜色类型的命令。用户可以根据需要选择黑白或彩色作为打印或图像设计的颜色类型。

1）“图像”→“模式”→“位图”命令

位图模式的图像只有黑色和白色，只有将图像先转换为灰度模式才能使用位图模式。“位图”对话框如图 1-36 所示，其中各项说明如下。

分辨率：主要设置输出的分辨率，默认为 150 像素 /厘米。输入：显示当前正在应用的图像的分辨率。输出：此处可根据打印机种类重新设置图像的分辨率。

方法：调整位图图像的转换模式。在“使用”下拉列表中有五个选项，分别为 50%阈值、图案仿色、扩散仿色、半调网屏、自定图案。当选择不同的选项时图像会随之发生变化，一般默认选择为扩散仿色。50%阈值：在表现黑白照片的 256 色中，如果比中间值(128 色)亮，就转换为白色；如果比中间值暗，就转换为黑色。图案仿色：将图像转换为图案形态的位图。扩散仿色：利用黑点形态的紧密度，转换图像的明暗。半调网屏：通过大小和种类都不同的几个点的形态来表现图像。自定图案：将相应的图案应用到图像上。

2）“图像”→“模式”→“灰度”命令

灰度模式下图像由具有 256 级灰度的黑白颜色所构成。一幅灰度图像在转变为 CMYK 模式后可以增加色彩，如果将 CMYK 模式的彩色图像转变为灰度模式，则颜色不能恢复。

执行“图像”→“模式”→“灰度”命令，会弹出一个提示框，询问是否删除颜色属性，如果单击“扔掉”按钮，则将图像转换为灰度图像。

3）“图像”→“模式”→“双色调”命令

双色调模式不是一种单独的图像模式，而是一个目录，使用 1～4 种彩色油墨创建单色调(一种颜色)、双色调(两种颜色)、三色调(三种颜色)和四色调(四种颜色)灰度图像。“双色调选项”对话框如图 1-37 所示，其中各项说明如下。

图 1-36

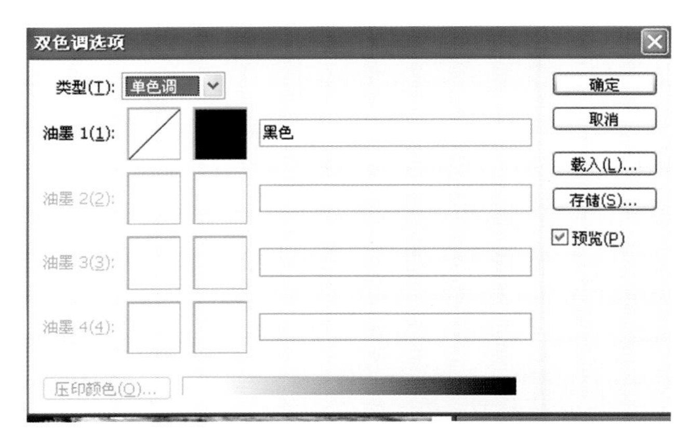

图 1-37

类型：单击“类型”右侧的下拉按钮，出现四个不同的选项。如果选择“单色调”，就会激活油墨 1，可以设置一种颜色；如果选择“双色调”，则会激活油墨 1 和油墨 2；如果选择“三色调”，则会激活油墨 1 至油墨 3；如果选择“四色调”，则会激活油墨 1 至油墨 4。

曲线框：单击曲线框后，会弹出“双色调曲线”对话框，在这里可以调整图像的颜色，这时可以从左侧开始调整图像的高光部分、中间色部分、阴影部分亮度的曲线。直接单击曲线以后，拖动鼠标可以改变曲线形态，图表下面的渐变条会显示图像的整体亮度。在数值框中，可以通过改变数值来调整图像的亮度，数值越接近0，图像越亮；数值越接近100，图像越暗。

颜色：这是选择应用颜色的选项，单击此处后会弹出颜色拾取对话框，在该对话框中用户可以设置需要应用的颜色。

名称：显示应用颜色的名称。

压印颜色：通过渐变形态显示颜色亮度。

4）"图像"→"模式"→"索引颜色"命令

索引颜色模式又称为图像映射色彩模式，这种模式的像素只有8位，即图像最多只有256种颜色。索引颜色模式可以减小图像文件的大小，因此常用于多媒体动画或网页制作。"索引颜色"对话框如图1-38所示，其中各项说明如下。

调板：根据图像的用途设置其颜色形式，可设置为以下几种形式。实际：可以在使用256色以下的颜色表现图像时使用。系统：可以按照Mac /Windows配置使用颜色。Web：设置颜色，用于网页设计。平均：在色谱中显示为样本颜色面板。局部：通过与原图像最类似的颜色来表现图像。全部：调整颜色图像，以便可以准确地表现原图像的颜色。自定：用户可以任意修改并使用面板。上一个：可以使用最近被选定的自定义面板。

颜色：用于设置表现图像的颜色数，数值越小，表现出来的图像颜色就会越粗糙。

仿色：柔和地表现颜色的边线，一般用于通过比较少的颜色数表现图像颜色时。

5）"图像"→"模式"→"RGB颜色"命令

RGB颜色模式下图像由红、绿、蓝三种颜色构成，大多数显示器均采用此种颜色模式。在RGB颜色模式下Photoshop能够提供更多的功能和命令，通常在进行操作的过程中会将其他的颜色模式转换为RGB颜色模式进行操作。

6）"图像"→"模式"→"CMYK颜色"命令

CMYK颜色模式下图像由青、洋红、黄、黑四种颜色构成。制作的印刷用文件最好保存为TIFF或EPS格式（这些都是印刷厂支持的文件格式）。查看通道面板，可以看到这里是由四个颜色通道以及把它们全部混合在一起的CMYK通道构成。

7）"图像"→"模式"→"Lab颜色"命令

Lab颜色模式是Photoshop的标准色模式，是图像由RGB颜色模式转化为CMYK颜色模式的中间过渡模式，它的特点是在使用不同的显示器或打印设备时所显示的颜色都是相同的。

8）"图像"→"模式"→"多通道"命令

多通道模式有三个颜色通道，分别为青色、洋红、黄色通道。可以将任何图像的多个通道转变为单个的专色通道。在多通道模式下，用户可以单独操作每个通道，没有合成的通道。可以对其使用几乎所有的滤镜和工具，但每次只对一个通道有效。如果在RGB、Lab、CMYK模式图像中删除颜色通道，则图像会自动转化为多通道模式。

2. 图像调整

Photoshop提供了多种调整功能，随着版本改进也会增加多种新的调整命令，用户可以更轻松地进行数码图像的制作。特别是在"图像"菜单的"调整"子菜单中，集中了各种可以调整或修改图像颜色的命令。现介绍一些常用的图像调整命令。

1）"图像"→"调整"→"亮度/对比度"命令

利用该命令能一次性对整幅图像进行亮度和对比度的调整。"亮度/对比度"对话框如图1-39所示，其中各项说明如下。图像调整亮度和对比度后的效果如图1-40所示。

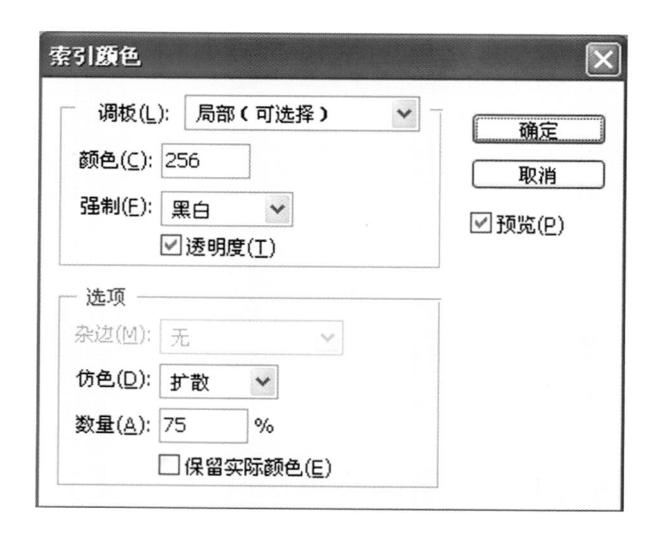

图 1-38

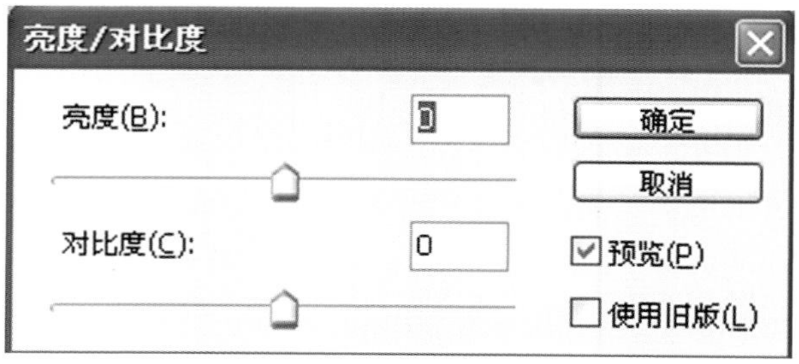

图 1-39

图 1-40

高度：调节亮度的选项，数值越大，图像越亮。

对比度：调节对比度的选项，数值越大，图像越清晰。

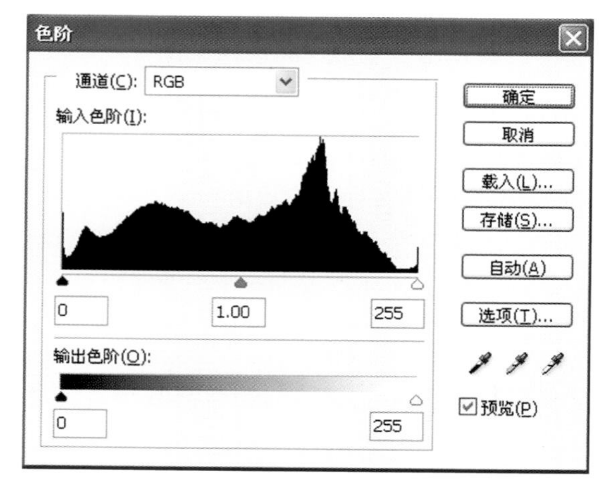

图 1-41

2）“图像”→“调整”→“色阶”命令

该命令允许用户通过修改图像的阴影区、中间色调区、高光区的亮度水平来调整图像的色调范围和颜色平衡。执行“色阶”命令（或按快捷键 Ctrl + L），在弹出的“色阶”对话框（见图 1-41）中会显示直方图，利用位于下端的滑块可以调整颜色。左边滑块代表阴影，中间滑块代表中间色，右边滑块则代表高光。色阶调整效果如图1-42所示。“色阶”对话框中各项说明如下。

通道：用于选择所要进行色调调整的通道。

输入色阶：可以通过分别设置最暗处、中间色、最亮处的色调值来调整图像的色调和对比度。

输出色阶：在调节亮度时使用。

颜色吸管：设置图像的颜色。设置黑场 ：将图像中最暗处的色调值设定为单击处的色调值，比其更暗的像

图 1-42

素将成为黑色。设置灰点 ：单击处颜色的亮度将成为图像的中间色调范围的平均高度。设置白场 ：将图像中最亮处的色调值设定为单击处的色调值，所有色调值比其大的像素都将成为白色。

3）"图像"→"调整"→"曲线"命令

与"色阶"命令类似，"曲线"命令也是用来调整图像的色调范围的，不同的是"色阶"命令只能调亮部、暗部和中间灰度，而"曲线"命令可调整任一灰阶。"曲线"命令有三个主要作用：一是可以调整全体或单独通道的对比度；二是可调整任意局部的亮度；三是可调整图像的颜色。图像调整效果如图 1-43 所示。

图 1-43

4）"图像"→"调整"→"曝光度"命令

在数码照片的拍摄中，经常会因为照片曝光过度导致图像偏白或者因为曝光不够导致图像偏暗，"曝光度"命令主要用于调整图像的曝光度，使图像中的曝光度达到标准。图像调整效果如图 1-44 所示。

图 1-44

图 1-45

5）“图像”→“调整”→“色彩平衡”命令

利用该命令可以简单、快捷地调整图像的阴影区、中间调区和高光区的各色彩成分，并混合色彩达到平衡。“色彩平衡”对话框如图 1-45 所示，其中各项说明如下。图像调整效果如图 1-46 所示。

色彩平衡：用于调整颜色均衡。

色阶：输入色阶的数值。

颜色滑块：拖动滑块，可以设置颜色。

色调平衡：选择需要调节色彩平衡的色调区，减少一端颜色的同时，必然会导致另一端颜色增加。这

图 1-46

也正是调节的原理所在。

6）“图像”→“调整”→“黑白”命令

利用该命令能将图像处理成黑白色，并可以对黑白亮度进行调整，调整图像单色调的图像效果，如图 1-47 所示。

图 1-47

7）“图像”→“调整”→“去色”命令

利用该命令能够去除图像中所有的彩色，使每像素保持原有的亮度值，去色后的图像看起来类似灰度模式的图像，但实际图像仍然保持原来的色彩模式不变，如图 1-48 所示。

8）“图像”→“调整”→“照片滤镜”命令

利用“照片滤镜”命令可以在图像上设置颜色滤镜。用户可以选择 Photoshop 中提供的颜色滤镜，或者将自定

图 1-48

义的颜色滤镜应用在图像上，“照片滤镜”对话框如图 1-49 所示，其中各项说明如下。图像调整后的效果如图 1-50 所示。

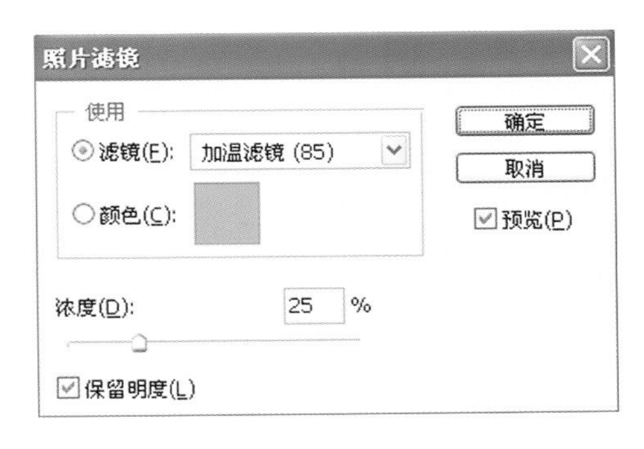

图 1-49

滤镜：单击下拉按钮，可以在下拉列表中选择 Photoshop 提供的颜色滤镜。

颜色：单击颜色块，在弹出的选择过滤色对话框中可以选择所需滤镜的颜色。

浓度：用于调整颜色滤镜的应用程度。

保留明度：勾选该项后可以在保持图像亮度的状态下应用颜色滤镜。

图 1-50

9）“图像”→“调整”→“反相”命令

利用“反相”命令可翻转构成图像的像素的亮度，通道中每像素的亮度值都被转化为 256 种亮度级别上相反的值，如图 1-51 所示。

10）“图像”→“调整”→“色调分离”命令

利用“色调分离”命令可以为图像的每个通道定制色调与亮度值的数目，并将这些像素映射为最接近的匹配色调。如果是彩色图像，则利用 256 色的阴影来表现图像，用户可以随意调节阴影。色阶数值越大，表现出来的形态与原图像越相似；数值越小，颜色数越少，画面也会变得简单粗糙，如图 1-52 所示。

11）“图像”→“调整”→“阈值”命令

利用该命令可以将一张灰度图像或彩色图像转变为高对比度的黑白图像，默认的阈值参数为 128。用户可以

图 1-51

图 1-52

指定亮度值作为阈值，图像中所有亮度值比它小的像素都将变成黑色，所有亮度值比它大的像素都将变成白色，如图 1-53 所示。

图 1-53

12）“图像”→“调整”→“渐变映射”命令

利用该命令可以将一幅图像的最暗色调映射为一组渐变色的最暗色调，将图像最亮色调映射为渐变色的最亮色调，从而将图像的色阶映射为这组渐变色的色阶。“渐变映射”对话框如图 1-54 所示，其中各项说明如下。图像调整效果如图 1-55 所示。

仿色：对转变色阶后的图像进行仿色处理，使图像色彩过渡更和谐。

反向：将转变色阶后的图像颜色反转，呈现负片效果。

单击“灰度映射所用的渐变”下方的下拉按钮，在弹出的颜色下拉列表中选择颜色，单击渐变颜色条，弹出“渐变编辑器"对话框，在"渐变编辑器"对话框中设置颜色，可观察到应用渐变映射的效果，如图 1-55 所示。

13）"图像"→"调整"→"可选颜色"命令

"可选颜色"命令的功能是在构成图像的颜色中选择特定的颜色进行删除，或者与其他颜色混合以改变颜色，可对 RGB、CMYK 和灰度等颜色模式的图像进行分通道校色，如图 1-56 所示。"可选颜色"对话框中各项说明如下。

颜色：用于设置要改变的图像颜色。

渐变映射
灰度映射所用的渐变
确定
取消
预览(P)
渐变选项
仿色(D)
反向(R)

图 1-54

图 1-55

图 1-56

方法：该选项可以设置墨水的量，包括"相对"和"绝对"两个选项。相对/绝对：用于调整现有的 CMYK 值，如图像中目前有 20%的洋红，如果选择"相对"选项，增加了 10%，则实际红色增加了 2%，增加后为 22%，如果选择"绝对"选项，则增加后为 30%。

14）"图像"→"调整"→"阴影/高光"命令

"阴影/高光"命令主要用于修改那些因为阴影或者逆光而比较暗的照片。在"阴影/高光"对话框的"阴影"栏向右拖动滑块，图像就会变亮，而在"高光"栏向右拖动滑块，图像就会变暗。"阴影/高光"对话框中各项说明如下。在"阴影"栏向右拖动滑块，图像中远处的树的颜色变亮，增加了图像的可视性，图像调整效果如图 1-57 所示。

阴影：用于调整图像的阴影部分。向左拖动滑块则图像变暗，向右拖动滑块则图像变亮。

高光：用于调整图像的高光部分。向左拖动滑块则图像变亮，向右拖动滑块则图像变暗。

15）"图像"→"调整"→"变化"命令

利用"变化"命令在调整图像或选区的色彩平衡、对比度以及饱和度的同时，可以看到图像或选区调整前和调

图 1-57

整后的缩略图，使调节更为简单明了。该命令不适用于调整索引颜色模式的图片。“变化”对话框如图 1-58 所示。图像调整效果如图 1-59 所示。

图 1-58

图 1-59

执行"图像"→"调整"→"变化"命令，在弹出的"变化"对话框中单击相应颜色的预览图标，颜色就会增加一个等级。使用精细/粗糙滑块可以调整颜色浓度，向"精细"方向拖动滑块，则颜色越细腻，向"粗糙"方向拖动滑块，则颜色越强烈。

选择"阴影"，图像的阴影部分被改为特定颜色。选择"中间色调"，图像的中间色部分被改为特定颜色。选择"高光"，图像的高光部分被改为特定颜色。选择"饱和度"，图像中饱和度高的部分都会被改为特定颜色。

16）"图像"→"调整"→"匹配颜色"命令

有时需要将在同一场所拍摄的照片表现为不同的色调，有时也需要将完全不同的图像表现为同一种色调，这时候，执行"匹配颜色"命令就可以同时将几幅图像改为相同的色调。"匹配颜色"对话框中各项说明如下。

目标图像：显示在 Photoshop 中打开的文件的属性。

图像选项：当需要将不同的图像统一为一种色调时，可以任意调整明亮度、颜色强度及渐隐。勾选"中和"选项后，颜色会变为作为要更改图像基准的图像色调的中间颜色。

图像统计：在"源"选项中选择要更改的基准图像文件。在"源"选项中选择颜色表现正常的图像后，可以按照统一的色调调整色感，如图 1-60 所示。

图 1-60

17）"图像"→"调整"→"替换颜色"命令

利用该命令可替换图像中某区域的颜色。用吸管工具在图像中吸取要替换的颜色，拖动色相、饱和度、明度滑块进行调整。"替换颜色"对话框如图 1-61 所示，其中各项说明如下。图像调整效果如图 1-62 所示。

在"替换颜色"对话框的"选区"栏中，以图像颜色为基准表现为白色和黑色，调整"颜色容差"值，可以扩展或者缩小要改变颜色的部分。颜色吸管：用于提取颜色。颜色容差：用于扩展或缩小要改变的颜色的边线部分。选区/图像：表示在预览窗口中，将使用吸管选定的部分显示为白色或显示为原图像。

在"替换颜色"对话框的"替换"栏中可调整图像的色相、饱和度、明度。色相：用于调整图像的色相。饱和度：用于调整图像的饱和度。明度：用于调整图像的明度。

18）"图像"→"调整"→"色相/饱和度"命令

当图像的基本属性达不到设计要求时，可以利用"色相/饱和度"

图 1-61

图 1-62

命令对图像色彩的色相、艳丽程度以及明亮程度进行调整。“色相/饱和度”对话框中各项说明如下。图像调整效果如图 1-63 所示。

图 1-63

编辑:主要用于设置在调整色相、饱和度、明度时,是针对图像中的单一颜色通道还是全图。

色相:色彩的首要外貌特征,除黑、白、灰以外的颜色都有色相的属性,是区别各种不同颜色的最准确的标准。

饱和度:色彩的鲜艳度,不同色相所能达到的纯度是不同的。

明度:色彩的明暗差别,明度最高的是白色,最低的是黑色。

19)“图像”→“调整”→“色调均化”命令

当图像过暗或者过亮时,利用“色调均化”命令,通过设置平均值,调整图像的整体亮度。在颜色对比较强的时候,可以通过平均值亮度,使高光部分略暗,使阴影部分略亮。

在原图中执行“色调均化”命令,在“色阶”对话框中可以看到高光、中间色、阴影区域呈现出不规则的分布状态,整个图像偏暗执行“色调均化”命令后,会自动将图像的亮度和颜色对比调整到平均状态。图像调整效果如图 1-64 所示。

20)“图像”→“自动色调”/“自动对比度”/“自动颜色”命令

这三个命令的作用分别是根据画面自动调整色调、对比度和颜色。“自动对比度”命令可以自动调整整幅图像的对比度,它将图像中最亮和最暗的像素分别转换为白色和黑色,使得高光区显得更亮,阴影区显得更暗,从而提高图像的对比度。图像调整效果如图 1-65 所示。

3. 图像大小

通过“图像大小”命令,可以查看并修改图像尺寸、打印尺寸和分辨率。但需要注意,一旦更改了图像的物理尺

图 1-64

图 1-65

寸，像素尺寸也会随之发生变化，其结果就是图像的品质受到影响，可能造成失真。“图像大小”对话框如图 1-66 所示，其中各项说明如下。

像素大小：设置图像的宽度和高度值，显示整体尺寸。

文档大小：以被输出的图像尺寸为基准，设置图像的宽度、高度和分辨率。

约束比例：设置是否维持图像的宽度、高度比例。勾选这一选项后。图像的宽度和高度比例就会被固定，即使只输入宽度值，高度值也会根据原图像的比例发生改变。如果取消勾选该项，则图像的尺寸将会按照输入的值发生改变。

重定图像像素：设置在更改图像的大小和分辨率时，是否维持原图像的整体容量。如果取消勾选该项，则图像的整体容量不变，自动调整图像的大小和分辨率。

自动：单击此按钮将弹出“自动分辨率”对话框，设置“挂网”后，选择合适的品质，然后单击“确定”按钮，自动调节分辨率。

4. 画布大小

与改变图像尺寸的“图像大小”命令不同，该命令调整的是要制作图像的区域，可以让用户修改当前图像的工作空间，即画布尺寸大小，也可通过该命令减小画布尺寸来裁剪图像。扩展的画布将显示与背景色相同的颜色和透明度。“画布大小”对话框如图 1-67 所示，其中各项说明如下。

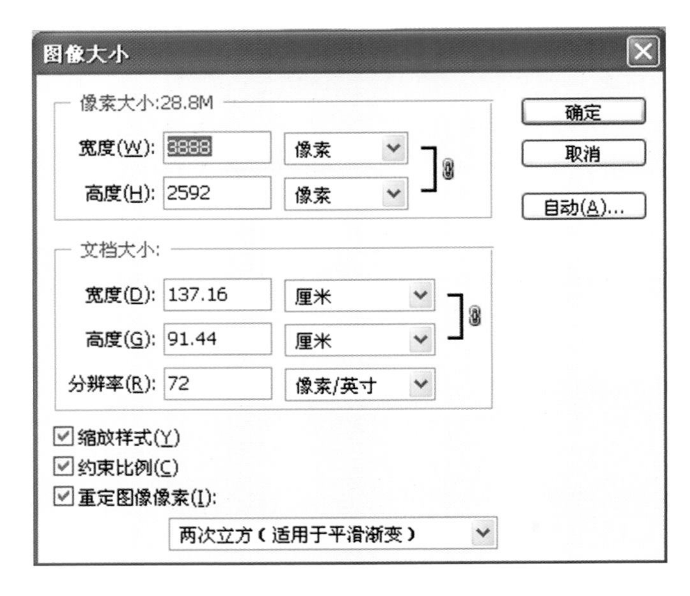

图 1-66

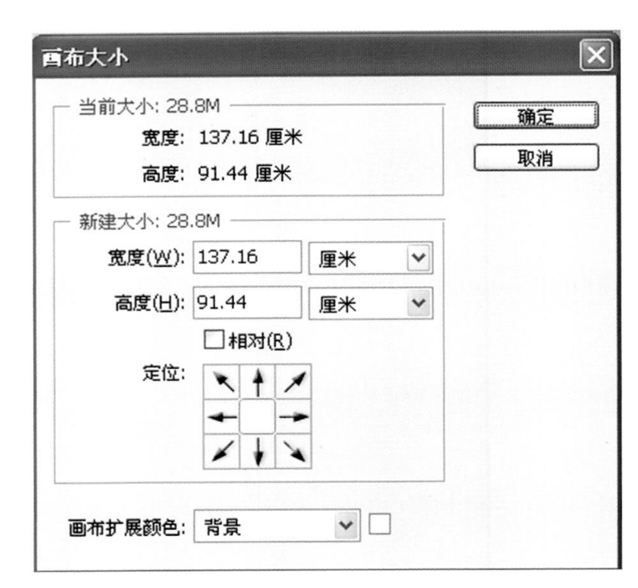

图 1-67

当前大小：显示当前图像的宽度、高度以及文件容量。

新建大小：输入新调整图像的宽度、高度。原图像的位置是通过选择“定位”项的基准点进行设置的。例如，单击左上端的锚点以后，原图像就会位于左上端，其他的则显示被扩大的区域。

5. 旋转画布

用户可以利用该命令对画布执行不同角度的调整，然后旋转图像。

6. 复制

复制当前图像窗口，以图像副本建立另外一个图像窗口，在这里保存图像的图层或通道信息。

知识点四 “选择”菜单 FOUR

1. 反向选择

我们选择一个选区后，对其进行反选，就可以选择和选区相反的区域，如图 1-68 所示。

2. 色彩范围

执行“选择”→“色彩范围”命令，我们可以选择整幅图像中的相近颜色。在“色彩范围”对话框中，我们可以选择各种颜色。比如我们选中了红色，确定后就可以看到图片上红色的部分都被选中了，如图 1-69 所示。

3. 修改

在“选择”菜单的“修改”子菜单中我们会看到扩展、收缩、边界、平滑、羽化五个选项。

图 1-68

扩展：可以使建立的选区向外扩展变大。扩展量的输入值范围为 1～100。图像变化如图 1-70 所示。

收缩：可以使建立的选区向内收缩变小。收缩量的输入值范围为 1～100。图像变化如图 1-71 所示。

边界：可以使建立的选区进行双线扩边。边界宽度的输入值范围为 1～200。输入一个数值后，可以看到选区成了一个双线的框，如图 1-72 所示。

平滑：可以使建立的选区变平滑。平滑半径的输入值范围为 1～200。输入一个数值后，可以看到原来直角的选区成了圆角，如图 1-73 所示。

图 1-69

图 1-70

图 1-71

图 1-72

图 1-73

羽化:羽化选区能够实现选区的边缘模糊效果。羽化半径越大,羽化的效果也越明显。另外,羽化半径越大,模糊边缘将丢失更多选区边缘细节。羽化的输入值可以在 0.2～250 之间。图像变化如图 1-74 所示。

图 1-74

4. 扩大选取/选取相似

扩大选取:先用魔棒选择一个区域,再执行"扩大选取"命令,可以将与选区相邻的相近颜色都选取上,如图 1-75所示。

选取相似:先用魔棒选择一个区域,再执行"选取相似"命令,可以选择整张图片上颜色相近的区域,如图 1-76 所示。

图 1-75

图 1-76

知识点五 “滤镜”菜单 FIVE

1. 模糊

动感模糊滤镜可使图像沿着指定方向且以指定强度进行模糊。此滤镜的效果类似于以固定的曝光时间给一个正在移动的对象拍照。

径向模糊滤镜可以模拟移动或旋转的相机所产生的模糊效果。

高斯模糊滤镜通过控制模糊半径对图像进行模糊效果处理，使用此滤镜可为图像添加低频细节，并产生朦胧效果。

使用不同滤镜，图像产生变化，如图 1-77 所示。

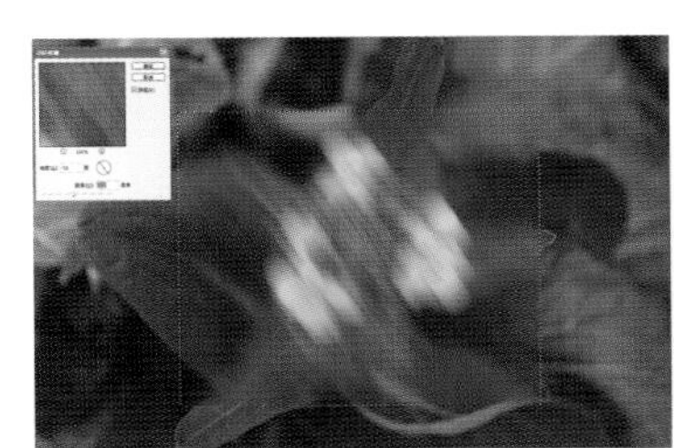

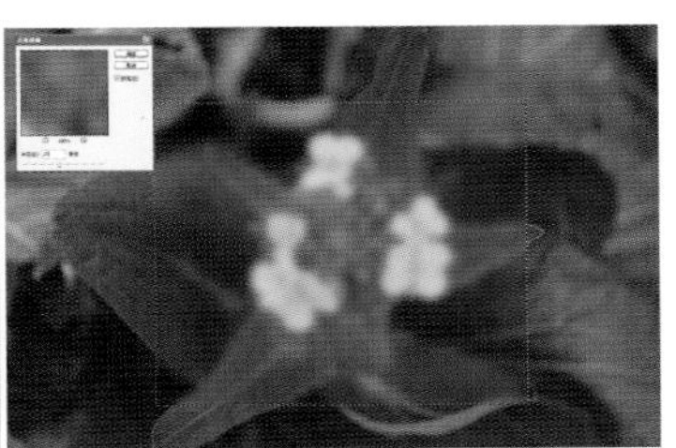

图 1-77

2. 锐化

锐化滤镜通过增大像素之间的反差使模糊的图像变清晰。

进一步锐化滤镜也是运用同样的原理来使图像产生清晰的效果。进一步锐化滤镜比锐化滤镜的锐化效果更强。

USM 锐化滤镜可以调整图像边缘的对比度,并在边缘的每一侧生成一条亮线和一条暗线,使图像边缘更加突出。

锐化边缘滤镜只对图像的边缘进行锐化,而保留图像总体的平滑度。

使用不同滤镜,图像产生变化,如图 1-78 所示。

图 1-78

3. 渲染

光照效果滤镜可以给 RGB 模式的图像增加不同的光照效果,还可以使用灰度模式的图像的纹理创建类似于 3D 效果的图像,并可存储自建的光照样式,以便应用于其他图像。

镜头光晕滤镜可以模拟亮光照射到相机镜头所产生的折射效果。

使用不同滤镜,图像产生变化,如图 1-79 所示。

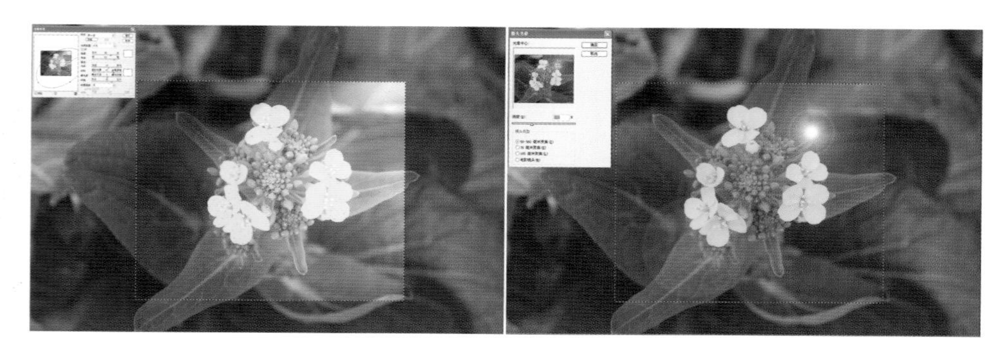

图 1-79

知识点六 “视图”菜单 SIX

1. 标尺

用户可借助于 Photoshop 中的标尺对界面进行排版，并能够将图形边缘对齐，执行“视图”→“标尺”命令或者按快捷键 Ctrl+R 即可显示/隐藏标尺，标尺的默认单位是厘米。

2. 参考线

用 Photoshop 软件进行图像设计时，往往需要对齐，为避免出现偏差，就需要借助参考线。设置参考线，首先显示标尺，将鼠标光标移动到水平标尺上，按下鼠标左键并向下拖动，即可创建一条水平参考线，将鼠标光标移动到垂直标尺上，按下鼠标左键并向右拖动，即可创建一条垂直参考线。创建的参考线示例如图 1-80 所示。

图 1-80

3. 锁定参考线

在操作的过程中如果担心会移动参考线，则可对图像上的参考线进行锁定，限制其移动位置。

4. 清除参考线

如果不需要使用参考线了，则可以一次清除所有的参考线，即执行“视图”→“清除参考线”命令，一次清除所有参考线。

单元四

常用控制面板

控制面板汇集了图像处理工作中常用的选项或功能。Photoshop 总共提供了 23 个面板。在“窗口”菜单中可以选择面板名称打开相应的面板。选择相应的面板熟练地对图像进行编辑，可以提高工作效率，节省工作时间。图像处理中常用辅助控制面板有以下几个。

知识点一 图层面板 ONE

1. 图层面板

图层就像一张张透明的纸一样，供用户在上面作图，然后按上下顺序叠放在一起组成一幅图像。在某一图层上作图不会对其他图层产生影响，但是上面图层会遮挡住下面图层的图像。此外，我们还可以随意调整图层的顺序，在维持统一图像的基础上可以对其他图像进行操作，并移动到当前操作的图层中，使图像的效果更加完美。

图层面板如图 1-81 所示，其中各项说明如下。

图层名称：每一图层都可以定义为不同的名称，以便区分。如果在建立图层时没有命名，Photoshop 会自动依序命名图层，依次为图层 1、图层 2……

预览缩略图：在图层名称的左侧有预览缩略图，其中显示的是当前图层中图像的缩略图，通过它用户可以迅速辨识图层。

眼睛图标：用于显示或隐藏图层。

作用图层：图层面板中以蓝颜色显示的图层，表示正在被用户修改。

图层链接：当框中出现链条形图标时，表示这一图层与作用图层链接在一起，因此可以与作用图层同时进行移动、旋转和变换等。

创建图层组：单击此按钮可以创建一个新集合。

创建填充图层/调整图层：单击此按钮可以打开一个菜单，利用相关命令可创建填充图层或者调整图层。

创建新图层：单击此按钮可以建立一个新图层。

删除当前图层：单击此按钮可将当前所选图层删除，或者用鼠标拖动图层至该按钮上也可以删除图层。

添加图层蒙版：单击此按钮可建立一个图层蒙版。

fx 添加图层效果：单击此按钮可以打开一个菜单，从中选择一种图层效果以应用于当前所选图层。

不透明度: 100% 不透明度：用于设置每一图层的不透明度，当切换作用图层时，不透明度显示也会随之切换为当前作用图层的设置值。

正常 色彩混合模式：在此列表框中可以选择不同色彩混合模式来决定这一图层与其他图层叠合在一起的效果。

锁定: 锁定：在此选项组中指定要锁定的图层内容。

图层面板菜单：单击图层面板右上角的小三角按钮可以打开一个菜单，其中包含所有用于图层操作的命令，如新建、复制和删除通道等。

2. 图层类型

如图 1-82 所示，Photoshop 中的图层可以被分成多种类型，有文本图层、调整图层、背景图层、形状图层和填充图层等。不同的图层，其应用场合和实现的功能也有所差别，使用方法各有不同。

填充图层：可以在当前图层中填入一种颜色(纯色或渐变色)或图案，并结合图层蒙版的功能，从而产生一种遮盖特效。

文本图层：用文本工具建立的图层。一旦在图像中输入文字，就会自动产生一个文本图层。

形状图层：当使用矩形工具、圆角矩形工具、椭圆工具、多边形工具、直线工具或自由形状工具等形状工具在图像中绘制图形时，就会在图层面板中自动产生一个形状图层。

调整图层：一种比较特殊的图层，主要用来控制色调和色彩的调整。

普通图层：指用一般方法建立的图层，是一种最常用的图层，绝大部分 Photoshop 功能都可以在这种图层上得到应用。普通图层可以通过混色模式来实现同其他图层的融合。

背景图层：一种不透明的图层，用于图像的背景。

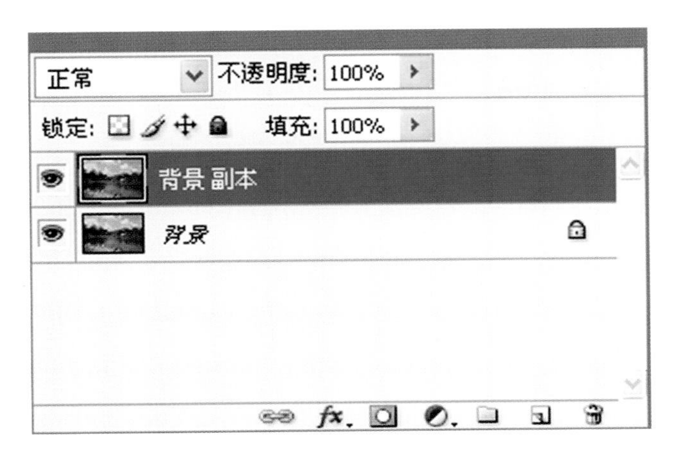

图 1-81

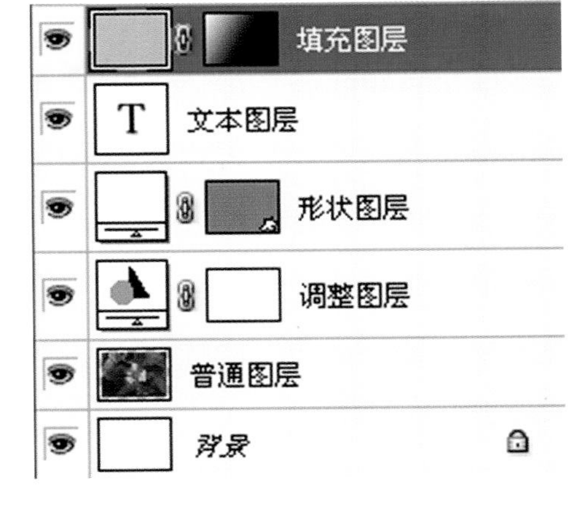

图 1-82

3. 新建图层组

如果内存或磁盘空间允许的话,Photoshop 允许在一幅图像中创建将近 8000 个图层,而在一个图像中创建了数十个或上百个图层之后,对图层的管理就变得很困难了。所以在 Photoshop 中新增的图层组功能能协助进行图层管理。在图层面板单击“新建组”按钮或执行“图层”→“新建”→“组”命令来创建图层组。但要注意,使用命令创建图层组时,会打开“新建组”对话框,如图 1-83 所示,其中各项说明如下。

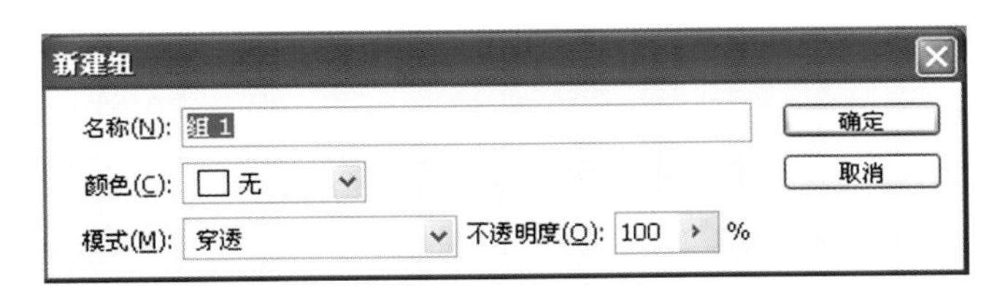

图 1-83

名称:设置图层组的名称。若不设置,则以默认的 Set1、Set2 等命名。

颜色:设置图层组的颜色。与图层颜色一样,只是用来显示而已,对图像没有任何影响。

模式:设置当前图层组的通道参数。

不透明度:设置当前图层组的不透明度。

4. 移动、复制、删除、叠放图层

移动图层:要移动图层中的图像,可以使用移动工具来移动。在移动图层中的图像时,如果要移动整个图层的内容,则不需要先选取范围再移动,而只要先将要移动的图层设为作用图层,然后用移动工具或按住 Ctrl 键并拖动鼠标,就可以移动整个图层的内容;如果要移动图层中的某一块区域,则必须先选取范围,再使用移动工具进行移动。

复制图层:可将某一图层复制到同一图像中,或者复制到另一幅图像中。当在同一图像中复制图层时,最快速的方法就是将图层拖动至创建新图层按钮上,复制后的图层将出现在被复制的图层上方。

删除图层:选中要删除的图层,然后单击图层面板上的删除当前图层按钮,或者执行“删除图层”命令,也可以直接用鼠标拖动图层到删除当前图层按钮上来删除。

叠放图层:图像一般由多个图层组成,而图层的叠放次序直接影响图像显示的真实效果,上方的图层总是遮盖其下方的图层。因此,在编辑图像时,可以调整各图层之间的叠放次序来实现最终的效果。在图层面板中将鼠标指针移到要调整次序的图层上,按住鼠标左键并拖动鼠标至适当的位置,就可以完成图层的次序调整。

5. **锁定图层**

Photoshop 提供了锁定图层的功能，可以锁定某一个图层或图层组，使它在编辑图像时不受影响，从而可以给编辑图像带来方便。在图层面板上，"锁定"选项组中的四个选项用于锁定图层内容，功能分别如下。

锁定透明区域：会将透明区域保护起来，因此在使用绘图工具绘图时，只对不透明的部分（即有颜色的像素）起作用。

锁定图层透明区域：可以将当前图层保护起来，不受任何填充、描边及其他绘图操作的影响。

锁定编辑动作：不能够对锁定的图层进行移动、旋转、翻转和自由变换等编辑操作。

锁定全部：将完全锁定这一图层，此时任何绘图操作、编辑操作均不能在这一图层上进行，而只能够在图层面板中调整这一层的叠放次序。

6. **链接、合并图层**

图层的链接功能使得可以方便地移动多个图层中的图像，同时对多个图层中的图像进行旋转、翻转和自由变形，以及对不相邻的图层进行合并。

7. **对齐、分布图层**

对齐和分布图层的主要作用是，可以对齐和分布多个链接的图层。使用这两项功能的命令都存放在"图层"菜单的"对齐"/"分布"子菜单中。

在使用"对齐"命令之前，必须建立两个或两个以上的图层链接，使用"分布"命令之前，则必须建立三个或三个以上的图层链接，否则这两个命令都不可以使用。

"对齐"命令可将各图层沿直线对齐，使用时需先建立两个或两个以上的图层链接，然后执行"图层"菜单的"对齐"子菜单下的命令。

顶边：将所有链接图层最顶端的像素与作用图层最上边的像素对齐。

垂直居中：将所有链接图层垂直方向的中心像素与作用图层垂直方向的中心像素对齐。

底边：将所有链接图层的最底端像素与作用图层的最底端像素对齐。

左边：将所有链接图层最左端的像素与作用图层最左端的像素对齐。

水平居中：将所有链接图层水平方向的中心像素与作用图层水平方向的中心像素对齐。

右边：将所有链接图层最右端的像素与作用图层最右端的像素对齐。

执行"图层"菜单的"分布"子菜单中的命令，可以分布式排列多个链接的图层。

顶边：从每个图层最顶端的像素开始，均匀分布各链接图层的位置，使它们最顶端的像素间隔相同的距离。

垂直居中：从每个图层垂直居中像素开始，均匀分布各链接图层的位置，使它们垂直方向的中心像素间隔相同的距离。

底边：从每个图层最底端的像素开始，均匀分布各链接图层的位置，使它们最底端的像素间隔相同的距离。

左边：从每个图层最左端的像素开始，均匀分布各链接图层的位置，使它们最左端的像素间隔相同的距离。

水平居中：从每个图层水平居中像素开始，均匀分布各链接图层的位置，使它们水平方向的中心像素间隔相同的距离。

右边：从每个图层最右端的像素开始，均匀分布各链接图层的位置，使它们最右端的像素间隔相同的距离。

8. 栅格化图层

在 Photoshop 中，对文字图层与智能对象图层不能进行滤镜即绘图工具编辑，所以需要对其进行栅格化，将其转换为普通图层，以便于对图像进行编辑。

9. 图层样式

图层样式是 Photoshop 中一个用于制作各种效果的强大功能，利用图层样式功能，可以简单、快捷地制作出各种立体投影、各种质感以及光景效果的图像特效。与不用图层样式的传统操作方法相比较，图层样式具有速度更快、效果更精确、可编辑性更强等无法比拟的优势，如图 1-84 至图 1-87 所示。

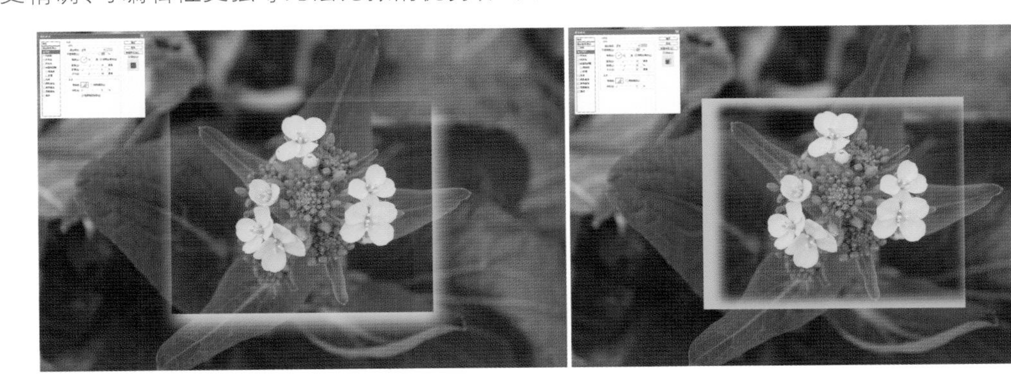

图 1-84

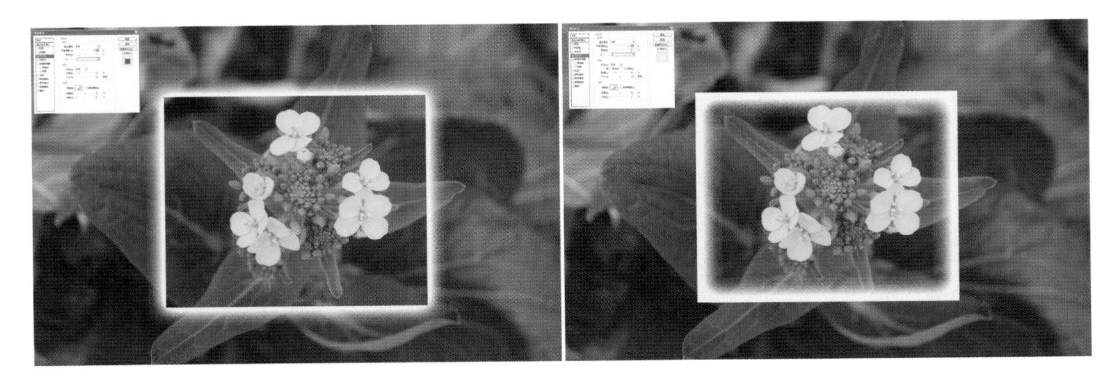

图 1-85

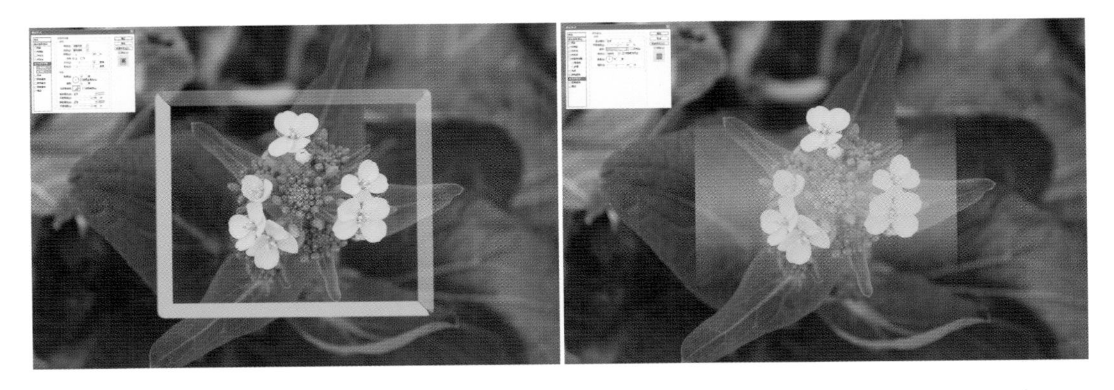

图 1-86

投影：能够在选定的文字或图像的后面添加阴影，使图像产生立体感。

内阴影：内阴影和投影效果基本相同，不过投影是从对象边缘向外添加阴影，而内阴影是从边缘向内添加

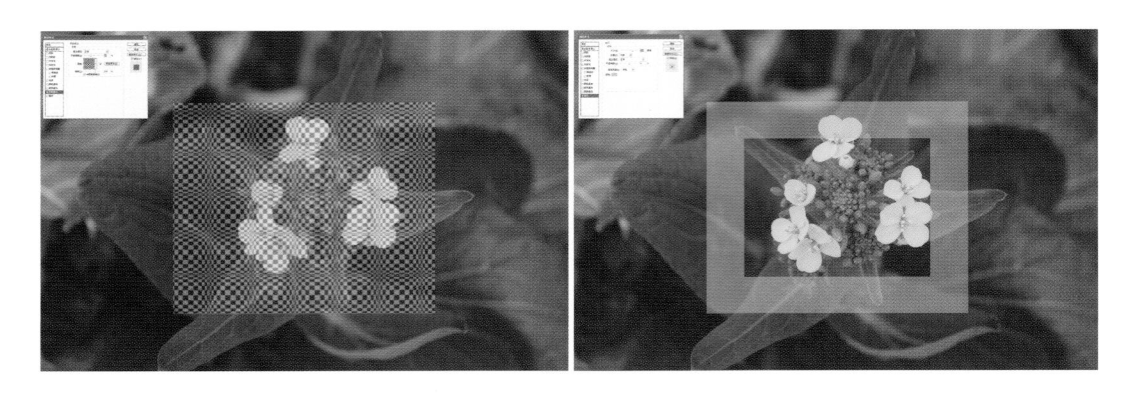

图 1-87

阴影。

外发光：从图层内容的外边缘添加发光效果。如果发光内容的颜色较深，则发光颜色需要选择较浅的颜色。

内发光：从图层内容的内边缘添加发光效果。如果发光内容的颜色较浅，则发光颜色必须选择较深的颜色，这样制作出来的效果比较明显。

斜面和浮雕：可以对图层添加高光与阴影的各种组合，该效果是 Photoshop 图层样式中最复杂的，其中包括了外斜面、内斜面、浮雕、枕状浮雕和描边浮雕。

渐变叠加：用渐变颜色填充图层内容。在“图层样式”对话框中，可以选择或自定义各种渐变类型，并设置渐变的缩放程度，来调整渐变效果。

图案叠加：用图案填充图层内容。在“图层样式”对话框中，可以选择图案类型。

描边：使用颜色、渐变或图案在当前图层上描画对象的轮廓，其效果直观、简单，较为常用。

10. 图层混合模式

1）减淡型混合模式

减淡型混合模式包括变亮、滤色、颜色减淡、线性减淡，如图 1-88 所示。

图 1-88

2）加深型混合模式

加深型混合模式包括变暗、正片叠底、颜色加深、线性加深，如图 1-89 所示。

图 1-89

3）对比型混合模式

对比型混合模式综合了加深型混合模式和减淡型混合模式的特点。对比型混合模式包括叠加、柔光、强光、亮光、线性光、点光，如图 1-90 所示。

图 1-90

4）比较型混合模式

比较型混合模式可以比较当前图像与底层图像，然后将相同的区域显示为黑色，不同的区域显示为灰度层次或彩色。比较型混合模式包含差值和排除模式，如图 1-91 所示。

图 1-91

5）色彩型混合模式

色彩的三要素是色相、饱和度、亮度。使用色彩型混合模式合成图像时，Photoshop 会将三要素中的一种或两种应用在图像中。图像变化如图 1-92 所示。

图 1-92

知识点二 通道面板 TWO

通道的最主要的功能是保存图像的颜色数据。通道除了能够保存颜色数据外，还可以用来保存蒙版，即一个选取范围被保存后，它就会成为一个蒙版保存在一个新增的通道中。在 Photoshop 中，称这些新增的通道为 Alpha 通道。在 Photoshop 中，除了有图像原色通道和 Alpha 通道之外，还具备一种专色通道。

1．面板组成

执行“窗口”→“通道”命令，可以显示通道面板。通过该面板，可以完成所有的通道操作，该面板的组成如图1-93所示。

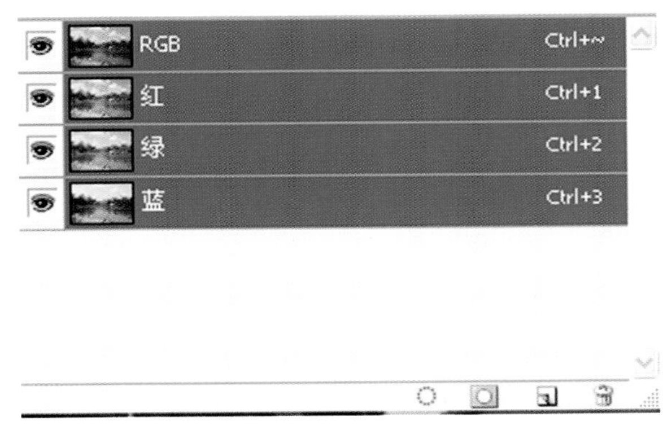

图 1-93

通道名称：每一个通道都有一个不同的名称，以便区分。

通道预览图：在通道名称的左侧有一个预览缩略图，其中显示该通道中的内容，通过它可以迅速辨识每一个通道。

眼睛图标：用于显示或隐藏当前通道，切换时只需单击该图标即可。

通道组合键：通道名称右侧的 Ctrl＋～、Ctrl＋1 等字样为通道组合键，按下这些组合键可快速、准确地选中所指定的通道。

作用通道：也可以说是活动通道，选中某一通道后，则该通道以蓝色显示。

将通道作为选取范围载入：单击此按钮可将当前作用通道中的内容转换为选取范围，或者将某一通道拖动至该按钮上来载入选取范围。

将选取范围存储为通道：单击此按钮可以将当前图像中的选取范围转变成一个蒙版，并保存到一个新增的 Alpha 通道中。

创建新通道：单击此按钮可以快速建立一个新通道。

删除当前通道：单击此按钮可以删除当前作用通道，或者用鼠标将通道拖动到该按钮上也可以删除通道。

通道面板菜单：单击通道面板右上角的小三角按钮可以打开一个菜单，其中包含所有用于通道操作的命令，如新建、复制和删除通道等。

2．新建通道

执行通道面板菜单中的“新通道”命令，弹出“新建通道”对话框，如图 1-94 所示。

色彩指示：选项组中，可以选择新建通道的颜色显示方式，有以下两种方式。被蒙版区域：新建的通道中有颜色的区域代表被遮盖的范围，而没有颜色的区域为选取范围。所选区域：新建的通道中没有颜色的区域代表被遮盖的范围，而有颜色的区域为选取范围。

颜色：单击颜色块可以打开“颜色拾取器”对话框，可以从中选择一种颜色用于显示蒙版颜色，默认情况下该颜色为半透明的红色。颜色块右边的“不透明度”文本框可以用来设置蒙版颜色的不透明度。

3．复制、删除通道

保存了一个选取范围后，对该选取范围（即通道中的蒙版）进行编辑时，通常要先将该通道的内容复制后再编辑，以免编辑后不能还原。

复制通道的方法：先选中要复制的通道，然后执行通道面板菜单中的“复制通道”命令，打开“复制通道”对话框，如图 1-95 所示，在该对话框中可以设置以下内容。

（1）在“为”文本框中可设置复制后的通道名称。

（2）在“文档”下拉列表框中可选择要复制的目标图像文件。

（3）勾选“反相”复选项，那么就等于执行了“图像”→“调整”→“反相”命令，复制后的通道颜色即会以反相

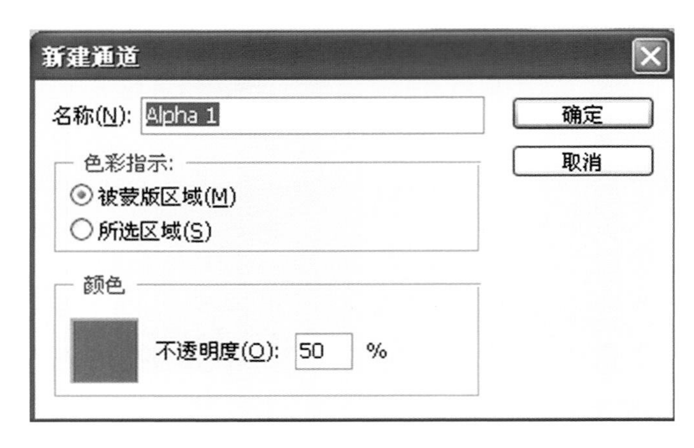

图 1-94

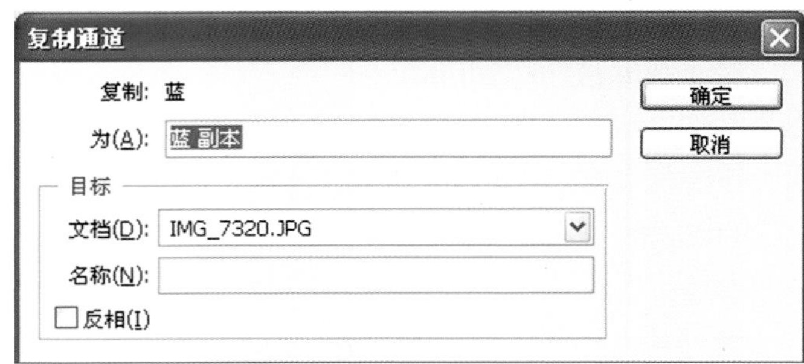

图 1-95

显示。

4. 分离、合并通道

执行通道面板菜单中的“分离通道”命令可将一幅图像中的各个通道分离出来，使其成为一个单独的文件存在。执行“分离通道”命令后，每一个通道都会从原图像中分离出来，同时关闭原图像文件。分离后的图像都将以单独的窗口显示在屏幕上，这些图像都是灰度图，并在其标题栏上显示其文件名。

分离后的通道经过编辑和修改，执行通道面板菜单中的“合并通道”命令，可以重新合并成一幅图像。

5. 专色通道

在 Photoshop 中，除了可以新建 Alpha 通道外，还可以新建专色通道。建立专色通道的方法是执行通道面板菜单中的“新专色通道”命令，或按住 Ctrl 键的同时单击“创建通道”按钮。

在通道面板中专色通道会按次序排列在各原色通道下面，如果在新建专色通道时，已经含有 Alpha 通道，则专色通道会将 Alpha 通道挤到其下面去。专色通道不能移动到各原色通道的上方，除非这个图像模式转换成了多通道的颜色模式，此时才可以拖动专色通道来调整其位置。

6. 蒙版功能

蒙版用来保护其遮盖的区域，让被遮盖的区域不受任何编辑操作的影响。蒙版与选取范围的功能是相同的，两者可以互相转换，但它们本质上有所区别。选取范围是一个透明无色的虚框，在图像中只能看出它的虚框形状，但不能看出羽化边缘后的选取范围效果。而蒙版则以一个实实在在的形状出现在通道面板中，可以对它进行修改和编辑，然后将其转换为选取范围应用到图像中。

1）蒙版的产生

在 Photoshop 中蒙版的应用非常广泛，产生蒙版的方法也很多，通常有以下几种方法：

①使用保存选区的功能就可以产生一个蒙版，或者直接单击通道面板上的“将选取范围存储为通道”按钮也可以将选取范围保存为蒙版。

②利用通道面板的功能先建立一个 Alpha 通道，然后用绘图工具或其他编辑工具在该通道上编辑，也可以产生一个蒙版。

③使用层蒙版功能，可在通道面板中产生一个蒙版。

④使用工具箱中的快速蒙版功能产生一个蒙版。

2）快速蒙版

快速蒙版功能可以快速地将一个选取范围变成一个蒙版，然后对这个蒙版进行修改或编辑，以形成精确的选取范围，此后再将其转换为选取范围使用。

知识点三 路径面板 THREE

图像有两种基本的构成方式：一种是矢量图像；另一种是位图图像。

对于矢量图像来说，路径和点是它的二要素。路径指矢量对象的线条，点则是确定路径的基准。在矢量图像的绘制中，图像中每个点和点之间的路径都是通过计算自动生成的。在矢量图像中记录的是图像中每个位置的坐标以及这些坐标间的相互关系。

与矢量图像不同，位图图像中记录的是像素的信息，整幅位图图像是由像素矩阵构成的。位图图像不用记录复杂的矢量信息，而以每个点为图像单元的方式真实地表现自然界中的任何画面，因此通常用位图来制作和处理照片等需要逼真的效果的图像。

在 Photoshop 中，路径功能是其矢量设计功能的充分体现。路径是指用户勾绘出来的由一系列点连接起来的线段或曲线。用户可以沿着这些线段或曲线填充颜色，或者进行描边，从而绘制出图像。

可以将一些不够精确的选取范围转换成路径，再进行编辑和微调，以使其精确，此后再转换为选取范围使用。

将 Photoshop 的图像插入到其他图像软件或排版软件时，使用路径中的剪贴路径功能，能去除其路径之外的图像背景，而路径之内的图像被贴入。

1. 路径面板

执行"窗口"→"路径"命令，打开路径面板，由于还未编辑路径，因此在该面板中没有任何路径内容，如图 1-96 所示，在创建了路径后，就会在路径面板中显示出来。路径面板中各项说明如下。

路径名称：便于区分多个路径。

路径预览缩略图：用于显示当前路径的内容，通过它可以迅速地辨识每一条路径的形状。

工作路径：以蓝色显示的路径为工作路径。在编辑路径时，只对当前工作路径起作用，并且工作路径只能有一条。

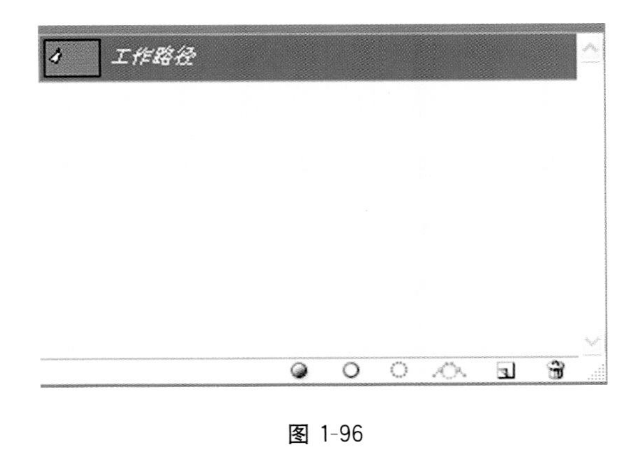

图 1-96

创建新路径：新建路径。

删除当前路径：可在路径面板中删除当前选定的路径。

从选区生成工作路径：可将当前选取范围转换为工作路径。

将路径作为选取范围载入：可以将当前工作路径转换为选取范围。

用前景色描边路径：可以用设置的绘图工具和前景颜色沿着路径描边。

用画笔描绘路径：Photoshop 以描绘画笔的形式在图像中显示路径包围的区域。

路径面板菜单：单击路径面板右上角的小三角按钮可以打开一个菜单，其中包含所有用于路径操作的命令，如新建、复制和删除路径等。

2. 路径编辑工具

编辑路径必须使用工具箱中的路径编辑工具，这些工具主要汇集在工具箱的钢笔工具组、形状工具组和选取工具组中，各工具的功能如下。

钢笔工具：可以绘制出由多个点连接而成的线段或曲线。

自由钢笔工具：可以自由地绘制线条或曲线。

添加锚点工具：可以在现有的路径上增加一个锚点。

删除锚点工具：可以在现有的路径上删除一个锚点。

转换点工具：可以在平滑曲线转折点和直线转折点之间进行转换。

使用矢量图形状工具绘制路径或形状，在默认设置下，绘制出的路径都会自动填充为前景色，即在路径之内的区域填充前景色，而在路径之外的区域显示为透明。

矩形工具：用于绘制矩形路径或形状。

圆角矩形工具：用于绘制圆角矩形路径或形状。

椭圆工具：用于绘制椭圆形路径或形状。

多边形工具：用于绘制多边形路径或形状。

直线工具：用于绘制直线路径或形状。

自定形状工具：用于绘制各种形状的路径或形状。

路径选择工具：用于选择整个路径及移动路径。

直接选择工具：用于选择路径锚点和改变路径的形状。

3. 建立路径

路径是由多个点组成的线段或曲线，因此它可以以单独的线段或曲线存在。钢笔工具是建立路径的基本工具，使用该工具可创建直线路径和曲线路径。

在 Photoshop 的工具箱中，右击钢笔工具按钮可以显示出钢笔工具所包含的五个按钮，通过这五个按钮可以完成路径的前期绘制工作。

选择钢笔工具，在菜单栏的下方可以看到钢笔工具的选项栏。利用钢笔工具创建路径时，有两种创建模式，即创建新的形状图层和创建新的工作路径，如图 1-97 所示。

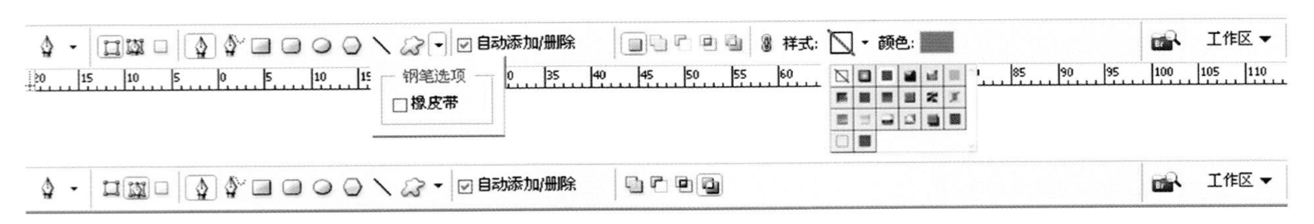

图 1-97

建立形状图层：选择此按钮创建路径时，会在绘制出路径的同时，建立一个形状图层，即路径内的区域将被填入前景色。

建立工作路径：选择此按钮创建路径时，只能绘制出工作路径，而不会同时创建一个形状图层。

填充像素：选择此按钮时，直接在路径内的区域填入前景色。

自动添加/删除：选择钢笔工具，在已有路径上单击，可以增加一个锚点，而在路径的锚点上单击，可删除锚点。勾选"橡皮带"选项后，用户可以看到下一个将要定义的锚点所形成的路径，这样在绘制的过程中会感觉比较直观。

4. 路径锚点种类、转换点工具

路径上的锚点有三种，即无曲率调杆的锚点（角点）、两侧曲率一同调节的锚点（平滑点）和两侧曲率分别调节的锚点（平滑点），如图 1-98 所示。

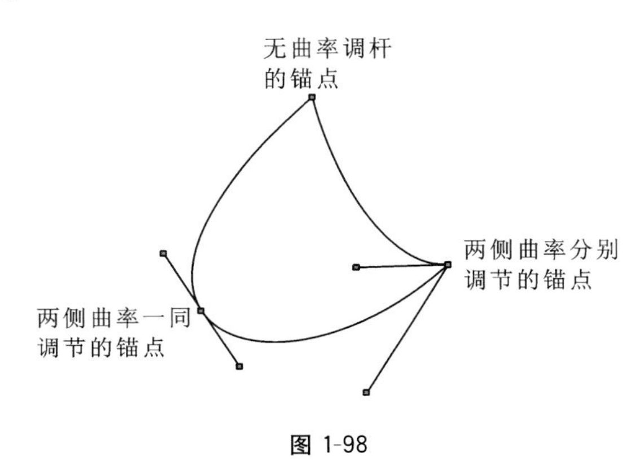

图 1-98

三种锚点之间可以使用转换点工具进行相互转换。选择转换点工具，单击两侧曲率一同调节或两侧曲率分别调节的锚点，可以使其转换为无曲率调杆的锚点，单击该锚点并按住鼠标键拖曳，可以使其转换为两侧曲率一同调节的锚点，再使用转换点工具移动调杆，又可以使其转换为两侧曲率分别调节的锚点。

5. 选择路径锚点

在编辑路径之前需要先选中路径或锚点。选择路径的常用工具是路径选择工具和直接选择工具，使用这两种工具选中路径的效果是不一样的：使用路径选择工具选择路径，被选中的路径以实心点的方式显示各个锚点，表示此时已选中整条路径；如果使用直接选择工具选择路径，则被选中的路径以空心点的方式显示各个锚点。

如果用直接选择工具选取整条路径，则可以按住 Alt 键，再单击路径线，可在选中整条路径的同时，选中路径中所有锚点。

6. 改变路径锚点

为了改变路径的形状，或路径的弯曲程度等属性，需要对已有的路径进行修改，如增加或减少锚点、移动锚点的位置和转换锚点等。

1）增加和删除锚点

增加和删除锚点，需要使用工具箱中的添加锚点工具和删除锚点工具。要增加一个锚点，选择添加锚点工具，在路径上单击即可，且这时会出现添加锚点的方向线。要删除锚点，选择删除锚点工具，在路径的锚点上单击即可。

2）更改锚点属性

锚点共有两种类型，即直线锚点和曲线锚点。这两种锚点连接的分别是直线和曲线。直线锚点和曲线锚点可以互相转换。

3）移动路径

在 Photoshop 中，移动路径的工具有路径选择工具和直接选择工具。使用这两种工具移动路径的操作大体相似，需先选中路径，后拖动路径。

4）编辑路径

路径可以看成是图层中的图像，因此可以对它进行复制、粘贴和删除等操作，甚至还可以对它进行旋转、翻转和自由变换等操作。

不论是工作路径还是非工作路径，都可以先将其备份，然后粘贴，从而达到复制路径的目的。要复制路径，可以在选中路径后执行“编辑”→“拷贝”命令，将路径备份到剪贴板上，然后执行“编辑”→“粘贴”命令。

7. 应用路径

1）路径与选取范围间的转换

可以将路径转换为选取范围，因此通过该途径可以制作出许多形状较为复杂的选取范围。

2）路径填充和描边

路径的另一个功能是可以直接用来绘图，如填充和描边。

填充：打开要进行填充的路径，然后执行路径面板菜单中的“填充路径”命令即可。

描边：在描边之前需要先打开要描边的路径，然后执行路径面板菜单中的“描边路径”命令即可。

知识点四　字符面板/段落面板　FOUR

1. 字符面板

在字符面板中可以对文本进行编辑和修改，可以对文字的字体、大小、间距、颜色、显示比例进行设置，如图1-99所示。在 Photoshop 中可以在图像上输入横排文字、直排文字、横排蒙版文字、直排蒙版文字、变形文字，或沿路径输入文字等。

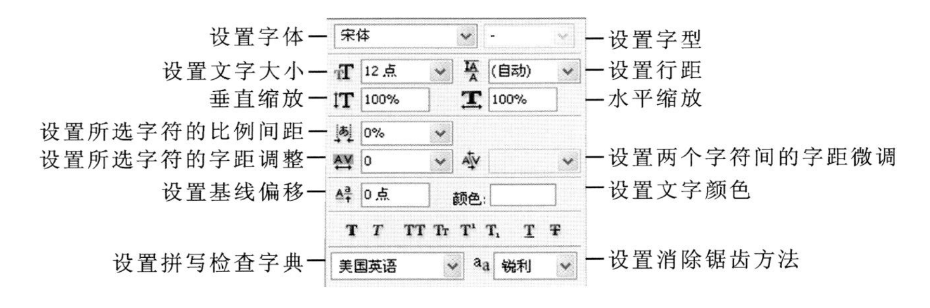

图 1-99

横排/直排文字工具：利用文字工具可以在图像中添加文字。按 T 键即可选择横排文字工具，按快捷键 Shift + T 能够在文字工具之间切换。

横排/直排文字蒙版工具：使用横排文字蒙版工具和直排文字蒙版工具编辑文字时，是在蒙版状态下进行编辑，退出蒙版后，输入的文字以选区的形式显示，设置前景色能够对文字选区进行填充。

2. 段落面板

在段落面板中可以设置段落文本的信息。灵活运用面板进行操作，可以很轻松地完成对段落文字的操作。在图像上输入较多文字时，可以在段落面板中对文字进行调整，可以对段落文字进行左右缩进和段首缩进，在段前和段后添加空白等，如图 1-100 所示。

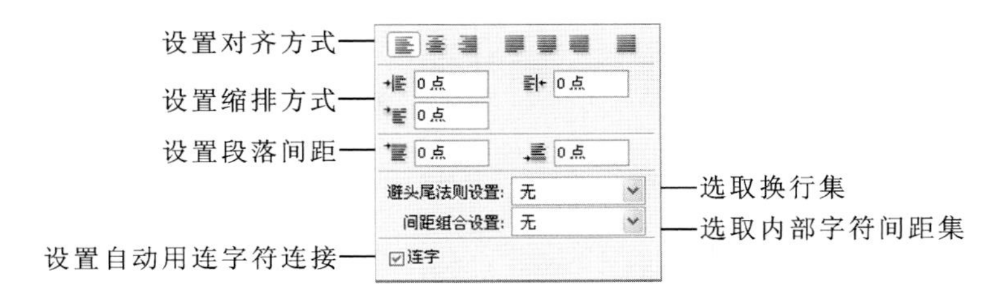

图 1-100

项目小结

本项目主要讲解了图像处理必须掌握的基本理论知识，以及图像处理的操作命令、工具、菜单等，按照图像处理设计的工作情景过程和知识的难易程度，由浅入深布局内容，为下一个项目操作铺垫基础。

项目二 Photoshop在平面设计中的应用

PHOTOSHOP

TUXIANG

CHULI

SHIXUN

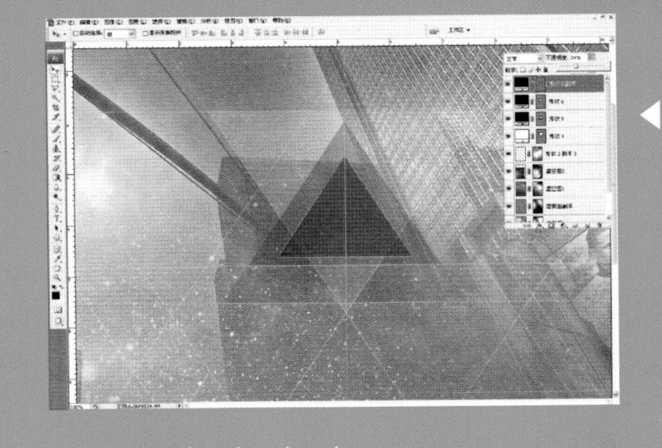

项目任务分解

项目任务主要针对平面设计专业的图形设计、图像处理、版式设计等方面，设计了四个子单元，对设计的原理、专业知识的结构等内容做了从简到繁、从易到难的详细、有效的讲解。

项目实施要求

(1) 掌握图形图像的知识与原理。
(2) 掌握 Photoshop 图像处理常用工具的运用方法。
(3) 了解常用的菜单命令及控制面板。
(4) 熟练进行设计操作的协调。

项目实践目标

本项目按照设计者接受知识的难易程度，由浅入深地布局内容，使设计者快速掌握 Photoshop 图像处理的基本工具、命令和参数面板的设置方法，能熟练使用 Photoshop 进行图形设计、图像处理、版式设计，找到入门捷径，直通高手殿堂。

单元一 金属质感旋转按钮图形设计表现

知识点一 图形设计 ONE

1. 图形设计的概念

在《现代汉语词典(第 6 版)》中，“图形”被解释为“在平面上表示出来的物体的形状”。而从实际来说，图形有着更宽泛的定义。

设计，首先要对自然界中的事物和日常生活中的经验进行收集、整理、切割、分解等，从中寻找图形设计所需的表现元素，然后对收集、整理的图形表现元素进行加工，运用创造性思维方法挖掘图形的设计手法。

所以，“图形设计”以图形为造型元素，对某项具体内容进行构思与表现，是对图形的统筹把握，用富有创意的表达形式，赋予图形本身更深刻的寓意和更宽广的视觉心理层面的创造性行为。创意好的图形一般都给人情理之中、意料之外的惊喜，既符合逻辑又超出常人的想象，在构思上视点独到，立意巧妙，既说明问题又寓意深刻。

2. 图形的发展演变

图形的发展与人类社会历史的发展密切相关，如图 2-1 所示。

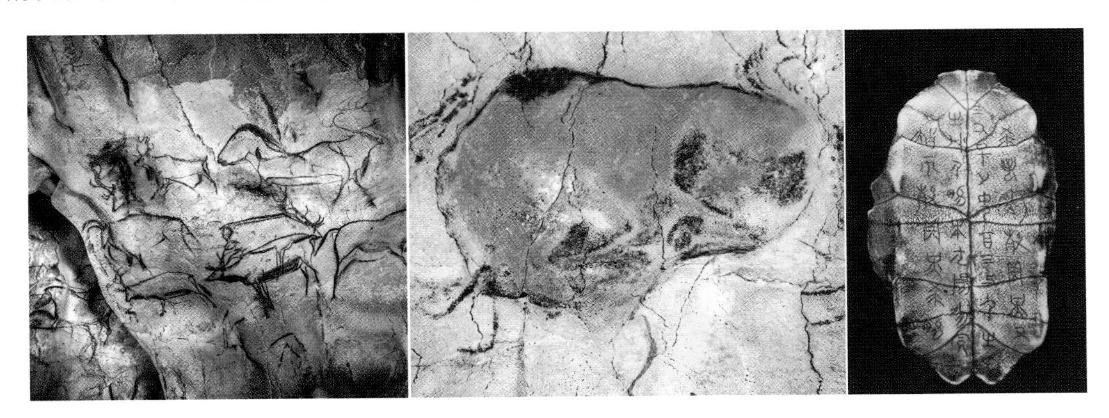

图 2-1

图形的三个阶段的重大发展分别是：第一阶段，原始图形向文字的转化；第二阶段，造纸与印刷术的发明；第三阶段，产业革命带动图形设计的全方位、多层次的发展，如图 2-2 所示。

图 2-2

3. 图形设计的形态、功能、特性

1）图形设计的形态

形态主要是指形状和神态，比形象的意义要广泛得多，图形语汇的形态具有纯视觉要素的空间规定性，与形象相比更具有整体感与空间感。独立的形态本身就具有自身的价值，当它在图形设计中占有一席之地时，又会给予画面巨大的影响。图形设计的形态主要有三种，即现实形态、纯粹形态（抽象形态）和意象形态，如图 2-3 所示。

2）图形设计的功能

图形设计是平面设计三大设计要素的核心，直接影响三大设计要素之间的关系和信息的准确传递。图形设计的关键作用体现在几个方面：①可以超越国家民族间的语言障碍；②传递信息直接、有力；③易于识别和记忆；④传递信息准确，如图 2-4 所示。

3）图形设计的特性

图形本身是视觉空间设计中的一种符号形象，是视觉传达过程中较直接、较准确的传达媒体。在图形设计中，符号学的运用，影响着图形设计的表形性思维的表述，使平面图形设计的信息传达更加科学、准确，表现手法更加丰富多彩，如图 2-5 所示。其特性有直观性、象征性、指示性、广泛性、可读性、准确性、审美性。

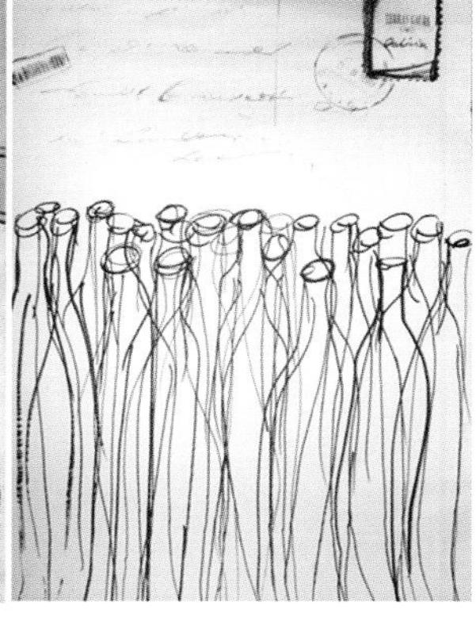

图 2-3

GEGEN DIE
DEMOKRATIE
GEGEN DIE
LIEBE
ESTEVE SOLER
THEATER

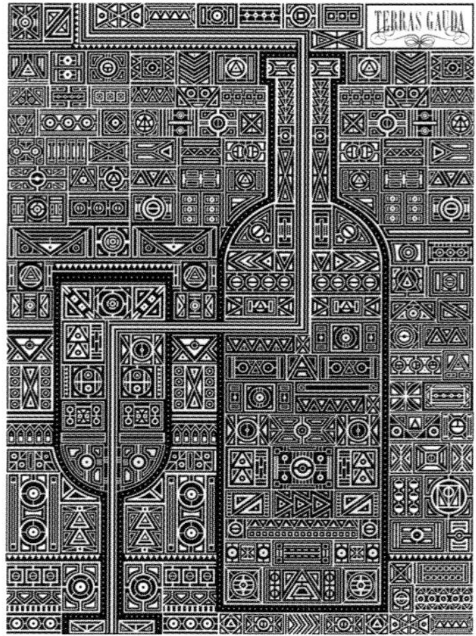
TERRAS GAUDA

图 2-4

Retrospektive
Ostasiatische Spielkarten
Kunsthalle Bielefeld
Heinz Beier
1930
2009
WARSCHAU
23
Typografie
Grafik Design
Schrift
BANCO

2011
AWAY MISSION:
ORLANDO

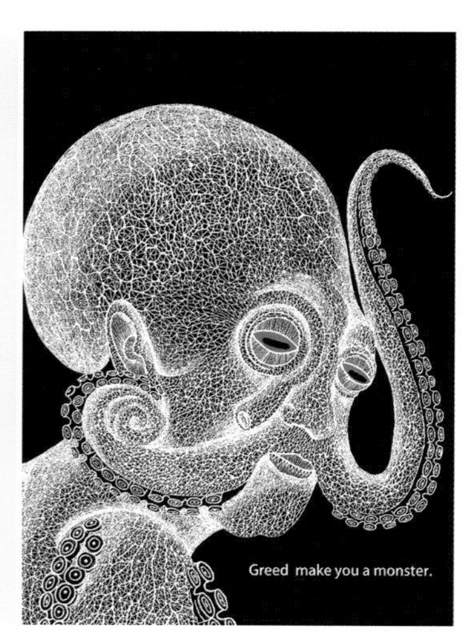
Greed make you a monster.

图 2-5

知识点二　图形设计的创造性思维　TWO

1. 图形创造性思维

有人把直觉、灵感、顿悟等看作创造性思维的几种主要形式，有人则把这几种形式看成同一种东西，而把创造性思维称为直觉思维或灵感思维，并将其与逻辑思维和形象思维相对照。

创造性思维是心理过程与逻辑过程的统一。人类创造性的直觉、灵感、顿悟等并不是神秘莫测的东西，而是对事物本质或规律的洞察性猜测，如图 2-6 所示。

图 2-6

2. 图形创造性思维的特征

探索图形表现的形式与方法，有助于设计者掌握图形创意表现的组织规律，从而对图形表现由感性认识向理性认识飞跃。在设计表现中，设计者要勇于打破单一的传统的思维惯性，充分发挥想象性思维的创造力，将各种形式有机组合，将想象和意念形象化、视觉化，创造出具有原创性意义的新颖、有趣的视觉形象。其主要特征有跳跃性、发散性、整合性和求异性，如图 2-7 所示。

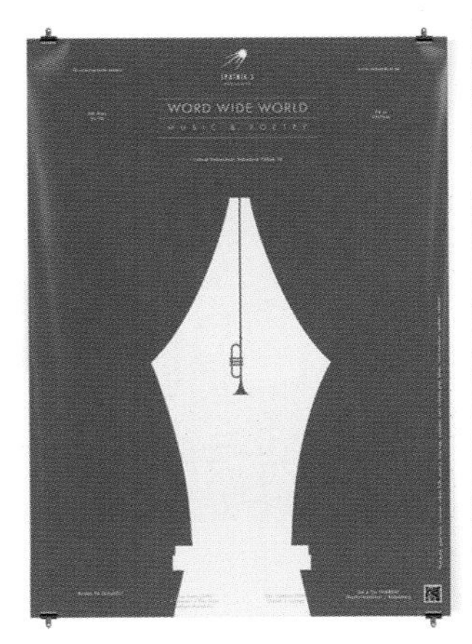

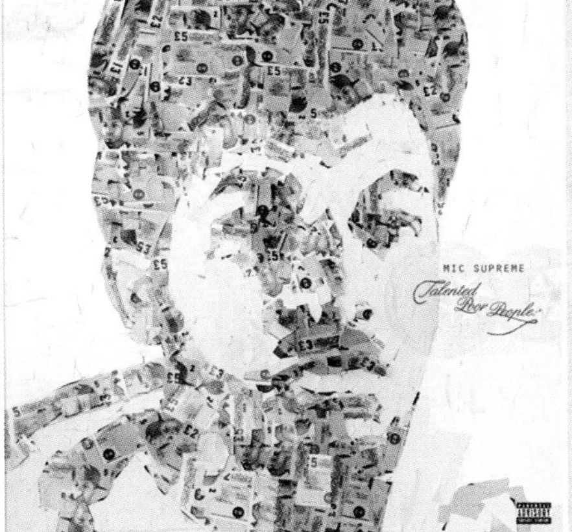

图 2-7

3. 图形创造性思维方式

1）重组型思维

调整和择优是重组型思维的两条原则，如图 2-8 所示。

图 2-8

结构重组模式：结构包括数量、形状、材料等，可对它们进行重组。

程序重组模式：如把原先的操作程序 1、2、3、4、5 改为 1、3、5、2、4(甚至 5、4、3、2、1 等)。

2）侧向思维与逆向思维

侧向思维：从事物的联系之中或从某一思路的侧面去开拓思路的思维方法。侧向思维一般把注意力放在事物外部，从两个对象之间某些相似的特征中去寻找解决问题的办法。

逆向思维：超越常规的思维方式之一，是由结果向原因的推进，是因果关系的倒置。按照常规的创作思路，有时我们的作品会缺乏创造性，或是跟在别人的后面亦步亦趋。当陷入思维的死角不能自拔时，我们不妨尝试一下逆向思维法，打破原有的思维定式，反其道而行之，克服片面性，开辟新的艺术境界，如图 2-9 所示。

图 2-9

3）发散型思维与收敛型思维

发散型思维：选择一个话题，发散成不同的思维路线进行追寻，遇到闪光处做上记号或用图形表示，然后将这些闪光点连接起来发展成创意雏形，继而提炼创意文案及广告语言。（从一点向四周辐射）

收敛型思维：要求将多路思维指向某个中心点。其特征是继承性、推理性、专一性、硬性发展，易取得微观性的发现，如图 2-10 所示。（从四周向某点集中）

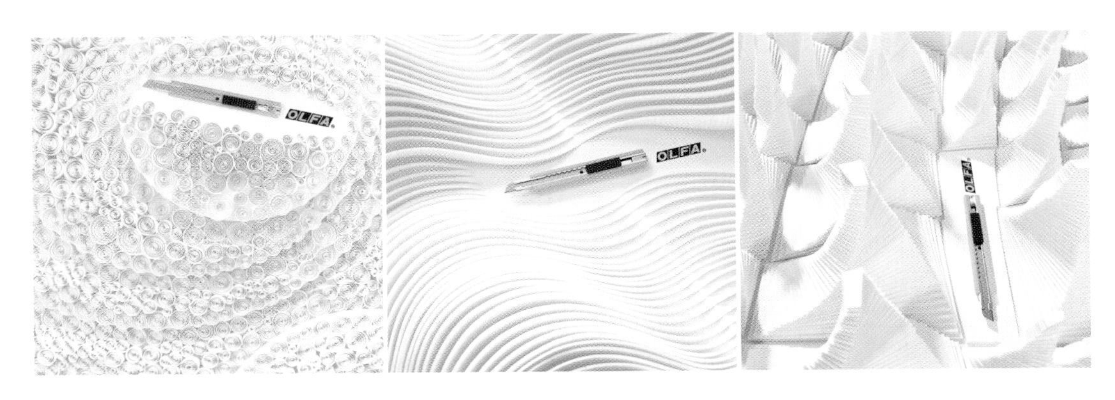

图 2-10

4）联想思维

联想是思维的一个方面、一种形式。具体地说，联想就是把观察对象与直觉过程中必然产生的一种心理现象结合起来，即所谓的“思理为妙，神与物游”，进而对被观察对象有一种新的认识，或者产生另一新的概念扩展内容，如图 2-11 所示。我国研究者许立言和张福奎提出了“12 个聪明方法”。

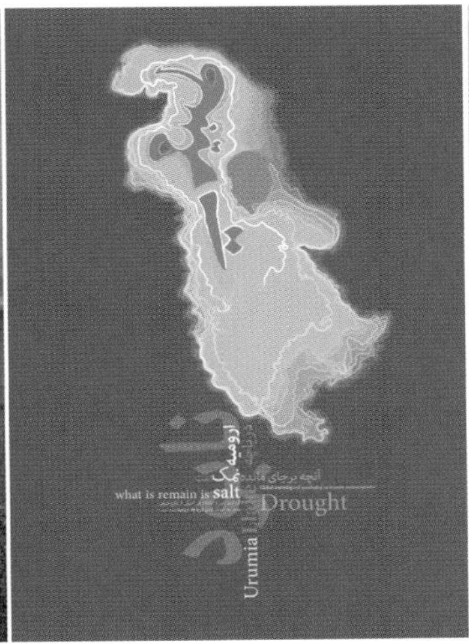

图 2-11

加一加：能在这件东西上添加些什么吗。

减一减：可在这件东西上减掉些什么吗。

扩一扩：把这件东西加以扩展会产生怎样的效果。

缩一缩：让这件东西缩小会产生怎样的效果。

变一变：改变一下形状、颜色、声音、气味会产生怎样的效果，改变一下次序会产生怎样的效果。

改一改：这件东西存在哪些需要改进的缺点。

联一联:把某些事物联系起来能达到什么目的。

学一学:模仿其他事物的结构会有什么结果,学习它的原理、技术又有什么结果。

代一代:有什么东西能代替另一些东西。

搬一搬:把这些东西搬到别的地方,这些东西能有其他用处吗。

反一反:将事物的正反、上下、左右、前后、横竖、里外颠倒一下,会有什么结果。

定一定:为解决某问题或改进某东西,需要规定些什么吗。

5)形象联想和意象联想

一个黑点是什么?雨滴、种子、眼球、墨迹、细胞、窟窿……

一条线是什么?雨丝、伤口、边界、水波……

一个面是什么?碎片、纸张、脸、天空……

在这一个个答案的背后都藏着各自的智慧,无数的答案说明每个人都会对图形产生联想,想象的空间是无限的,甚至是漫无边际的,但经过分析、总结,仍可将联想分为以下两种类型。

形象联想:人的本能反应,很直接,就是由一种物象的造型而引发的与之相似的形态的物象联想,源于人的感性认识。

如看到圆,可以想到:①足球、篮球、气球、呼啦圈、肥皂泡等;②西瓜、苹果、橙子、鸡蛋、汤圆等;③桶、杯子、瓶子、罐、碗等;④方向盘、飞碟、车轮、光盘、灯泡等;⑤跑道、枪口、句号、禁止符号等;⑥太极图、项链、钻戒、表等;⑦药片、药丸等。这些事物都有圆的形象特征,依照它们之间形状的相似,将它们联系起来。

意象联想:把表面上不相干的事物,抛开它们的外形表层,通过它们之间某种本质上的共性而引发的联想,源于人的理性认识,如图 2-12 所示。如同文学上的比喻,将人们熟知的、公认的物质特性转接到要说明的物质上,以此来更形象、更生动地传递被说明物质的这方面特性。从 A 的多种特性中的一种联想到以这种特性著称的 B。

图 2-12

如看到圆,想到:①团圆——祖国统一、中秋佳节、家人团聚等;②圆滑——泥鳅、狐狸、油、润滑剂等;③周而复始——时间、轮回、滚动、旋转等。

对手机的意象联想,分别展开意义的联想:①体积小——像火柴盒、纽扣、胸针、药片、钢笔等;②厚度薄——像纸片、名片、丝袜、书签、身份证等;③重量轻——像羽毛、棉花、气球、云、芦苇等;④音质好——像鸟鸣、音乐、耳语等。

6）联想的方式

联想能够克服两个事物及概念在意义上的差距，把它们联系起来。人对事物的理解、知识和经验的积累，都存在联想的过程。联想一般是由于某人或者某事而引起的其他思考，人们常说的“由此及彼”“由表及里”“举一反三”等，就是联想思维的体现，如图 2-13 所示。

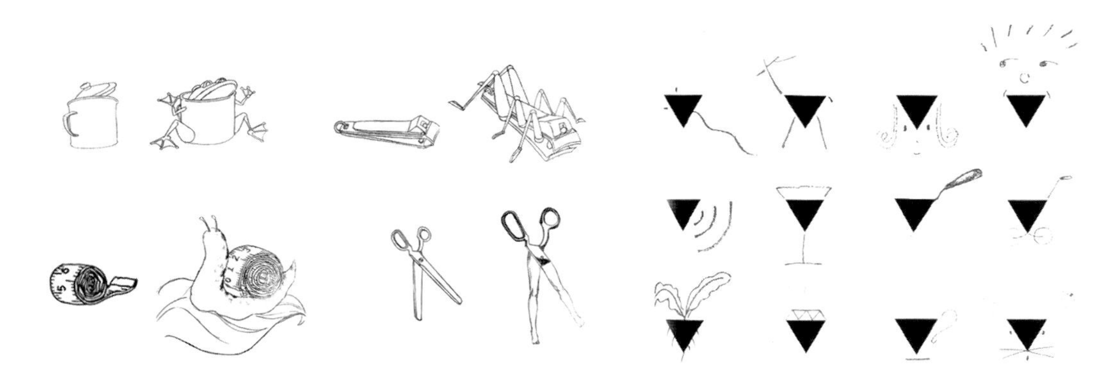

图 2-13

形的联想：根据所要表达的信息，在看似相差甚远的形态之间寻找一种可以使它们进行连接或嫁接的共性因素，然后再利用设计的特有形式把这些共性因素加以组合，产生新的视觉图形，表达新的意义和功能，以此来打动受众的心，如图 2-14 所示。

图 2-14

因果联想：一切事物之间在某种程度上都有或多或少的联系，一种事物的结果可以产生另一种事物的开始，一种事物的发展可以预示另一种事物的发展。我们一旦想起原因，就会联想到结果；而同时，想到结果也会联想到原因，即有因果关系的事物形成的联想，如图 2-15 所示。如：看到大汗淋漓的人联想到运动，看到被丢弃的还在燃烧的烟头联想到火灾。

相近联想：在空间或时间上接近的事物形成的联想。如：看到蜜蜂联想到花蕊，看到飞机联想到天空。

相似联想：由一种事物想到在形态、性质或经验等方面与它相类似的另一事物。如：看到鸽子联想到和平。

相对联想：由一种事物想到在特征、性质或经验等方面与它相反的另一种事物。如：看到火联想到冰，看到枯枝联想到绿芽。相对联想如图 2-16 所示。

虚实联想：构成主题思想的许多概念常常是虚的，看不见的，但它却与看得见的形体相联系，如图 2-17 所示。

图 2-15

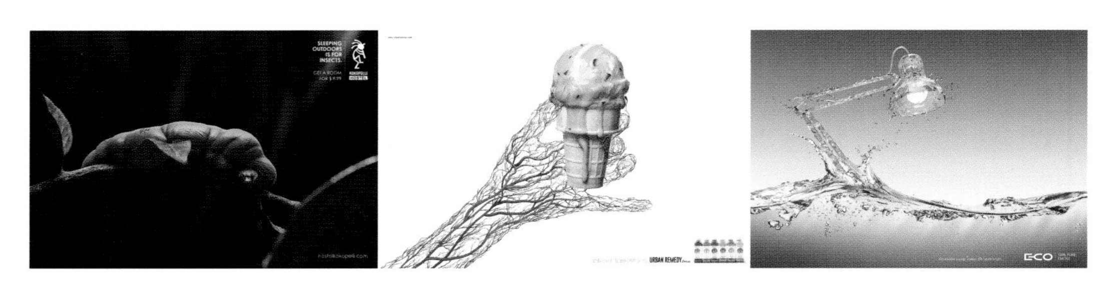

图 2-16

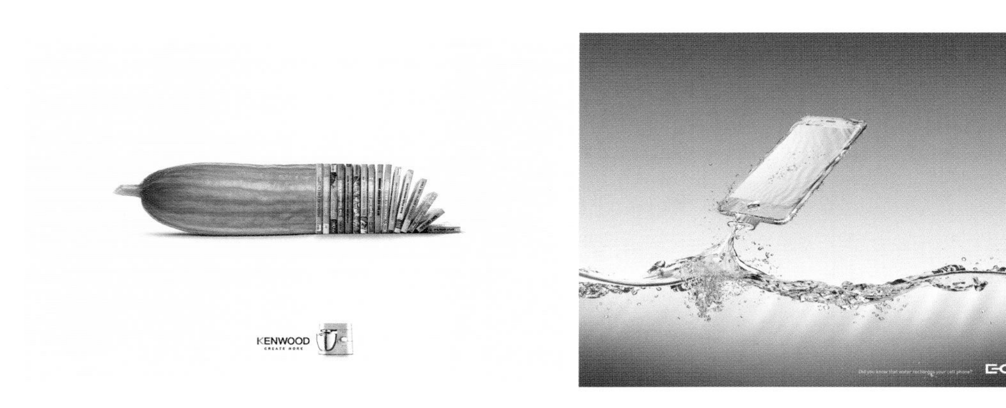

图 2-17

有意识联想：有针对性地以某种具体的意义或事物为基础而展开与此相关的思维联想活动。有意识思维具有科学性、逻辑性，在很多方面是靠过去的经验、印象、记忆和知识体系来进行的。

无意识联想：一种潜意识思维，这种思维具有不固定的、游离的、模糊的和灵性的特点。无意识思维具有偶然性与艺术性，如图 2-18 所示。

善于利用这几种方式进行联想，把与主题元素相关的、相近的，具有因果关系的元素尽可能挖掘出来，让我们的想象不浮于表面，而注重更为深刻、更为生动的想象，用鲜活的比喻来体现我们的创意。

这里的想象绝非简单的联想，而是观察联想与创造思维的整合，是情理的延伸。缺少情理的想象，只是胡思乱想。观察生活，注意其存在的方方面面，挖掘最具有魅力的视觉表现，如图 2-19 所示。

图 2-18

图 2-19

知识点三 图形创意的表现形式 THREE

1. 异影图形

当影子投射到背景上时，如果背景是凹凸不平的或扭曲的，则影子也会因之变形；同时，如果光源变动其距离或角度，则影子也会随之变形，这些就是原始的异影。异影图形是以影子与实体的关系作为想象的着眼点，以对影子的改变来传情达意的。这里的影子可以是投影，也可以是水中倒影或镜中影像等。

当设计者为了体现其创作意念而对影子进行变异时，异影图形就产生了。异影图形常用来反映事物内部的矛盾关系。当实形代表现象时，异影则反映着本质；当实形代表现在时，异影则反映过去或将来；当实形代表现实时，异影则代表幻觉。在进行异影图形的创作时，要注意改变后的影子与原物之间相对关系的自然过渡，如图 2-20 所示。

2. 共生图形

共生图形是指由“虚实相生”和“双关轮廓”组合而成的图形，以一种独特的紧密关系组合成一个不可分割的整体。共生图形常常用来象征事物间互相依存的含义。共生图形一般分为轮廓共生图形和正负共生图形，如图2-21所示。

图 2-20

图 2-21

1）轮廓共生图形

轮廓共生图形是指以简练的轮廓线勾画出的多种形象。

2）正负共生图形

正形是指画面中被认为是图的部分，与之相对的是负形，即图之外的背景部分。这种图形以图地正负反转的手法，给人以视觉上的动感。

正形和负形有时会出现逆转，例如鲁宾杯，在这幅图形中，当视觉中心停留在白色部分时，看到的是一个杯子，黑色是背景；当视觉中心停留在黑色部分时，这部分的形状很容易让人识别出两个相对的人脸，此时白色成为背景。在这种状态下图形中正形和负形的传达力互为等同。

3. 同构图形

同构图形体现“重整体”的概念，要求构成体自然而又合理。同构图形还体现“重相互统一”的观念，指的是合理地解决物与物、形与形之间的对立和矛盾，使之协调、统一。

同构图形强调“创造”的观念，同构图形不在于追求生活上的真实，更注重视觉意义上的艺术性和合理性。同构是图形艺术中的重点，它应用广泛，感染力强，如图 2-22 所示。

4. 异变图形

渐变、演化是任何一个系统、一种生命体的必然过程，导致这个结果的演变过程称为异变。如图 2-23 所示，异变图形是指在 A 和 Z 之间寻找中介体，将 A 自然地渐变为 Z，使之成为另一种物体。如自然界中从绿芽到森林，从猿到人，从蝌蚪到青蛙……

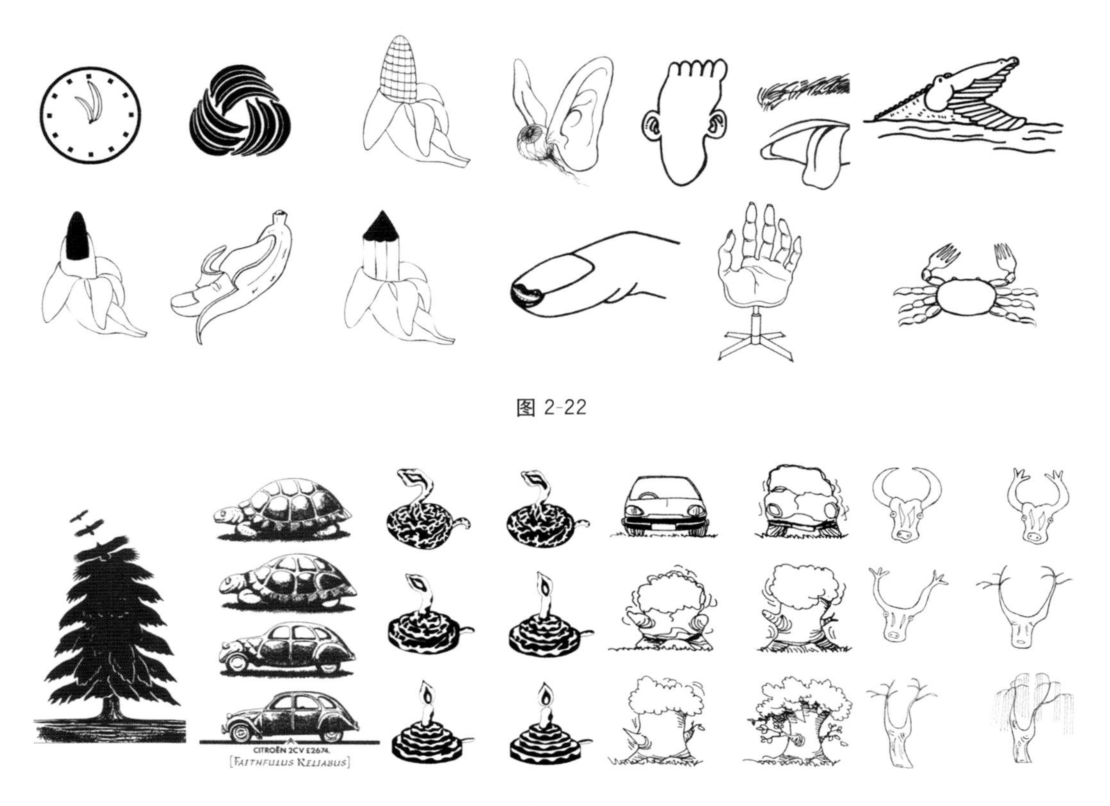

图 2-22

图 2-23

知识点四　运用路径工具制作金属质感旋转按钮 FOUR

制作按钮之前需要把构造分析透彻，然后由底层开始用形状工具画出想要的图形（稍微复杂一点的可以通过多个形状合并或减去得到），接着用图层样式给图形添加颜色和质感等即可，如图 2-24 所示。

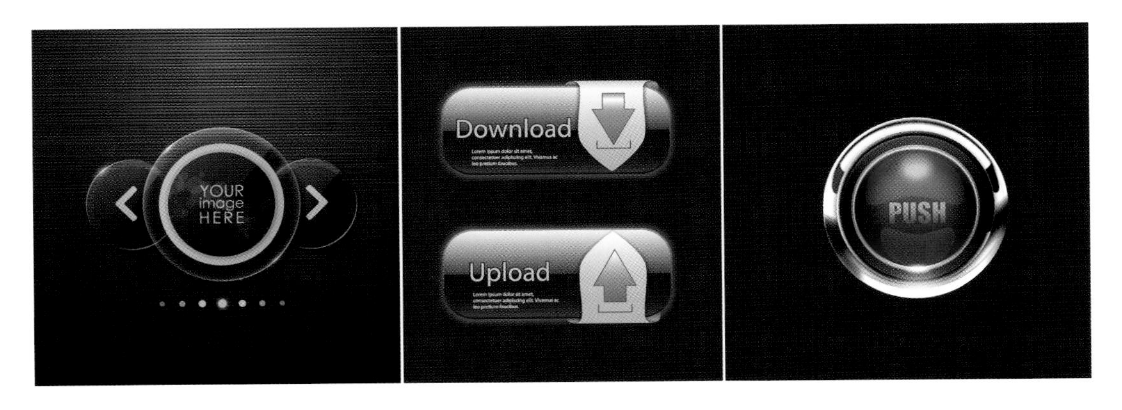

图 2-24

1. 新建初形

（1）执行“文件”→“新建”命令，在“新建”对话框中设置相关参数，新建一个宽度为 1000 像素、高度为 1000 像素、分辨率为 72 像素/英寸的新画布，如图 2-25 所示。

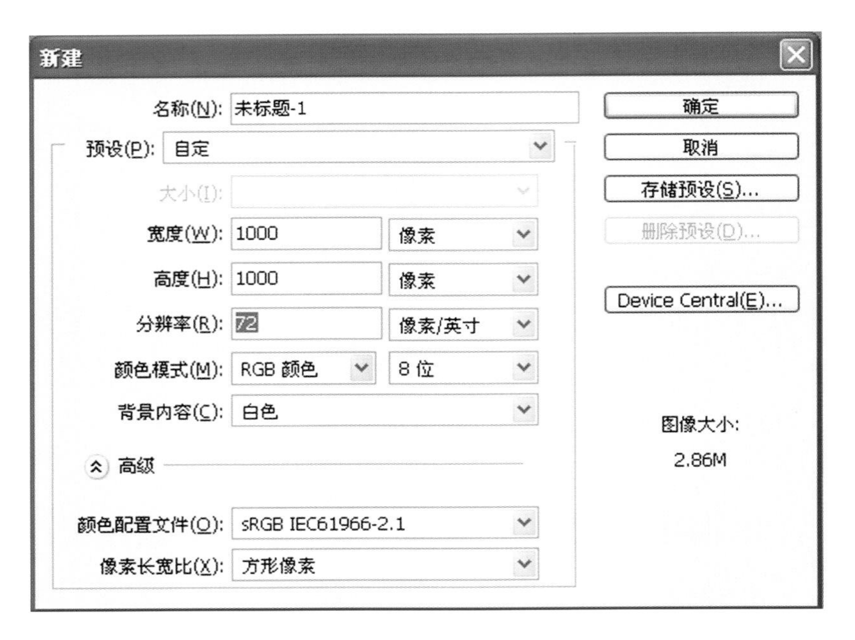

图 2-25

(2) 在图层面板中新建一图层，按快捷键 Alt + Delete，填充 34% 的灰色前景色，R、G、B 分别为 87、87、87，如图 2-26 所示。

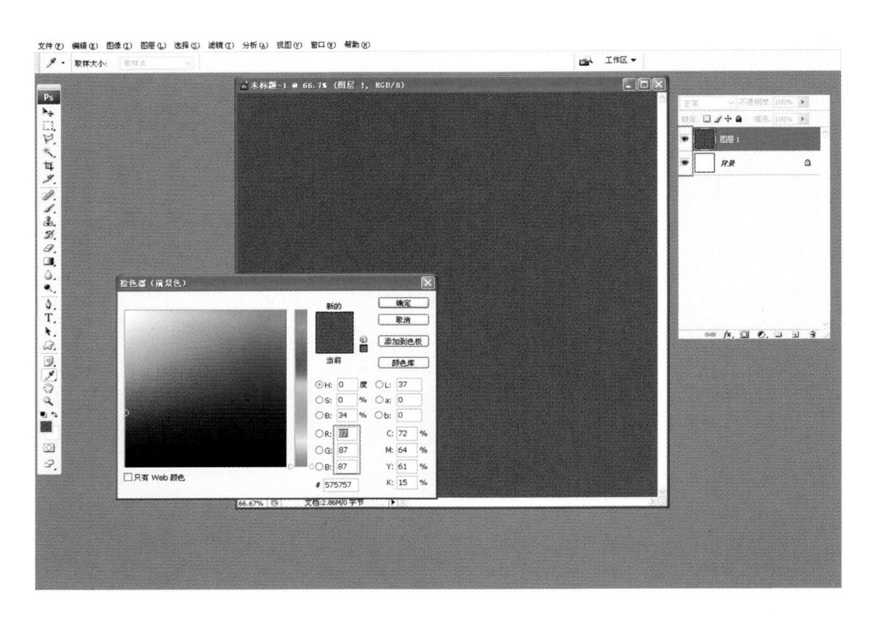

图 2-26

(3) 在当前这个图层上右击，执行快捷菜单中的“转换为智能对象”命令，或执行“图层”→“转换为智能对象”命令。把图层转换成智能对象后再进行设计的好处是便于修改，即直接双击图层下面的分层栏并修改数值，不需要重新开始操作，如图 2-27 所示。

(4) 给画面添加一些杂色。执行“滤镜”→“杂色”→“添加杂色”命令，在“添加杂色”对话框中将“数量”参数调整为 5%，其余为默认值，如图 2-28 所示。

(5) 画面模糊处理。执行“滤镜”→“模糊”→“高斯模糊”命令，在“高斯模糊”对话框中将“半径”参数调整为 1 像素，如图 2-29 所示。

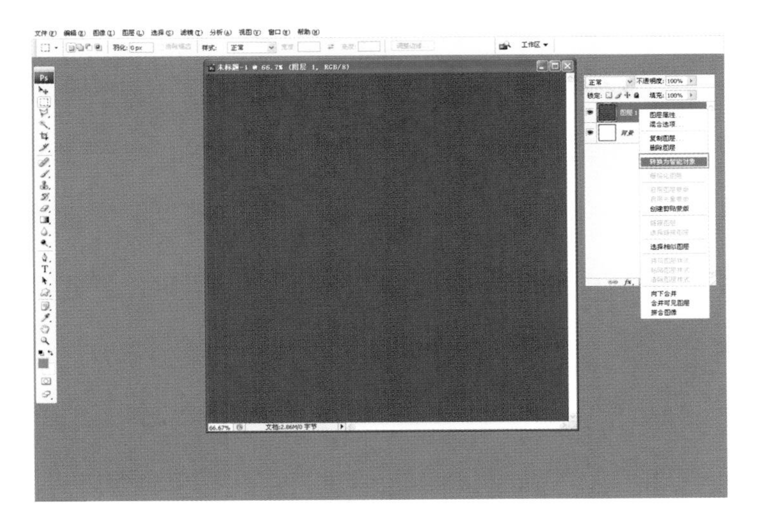

图 2-27

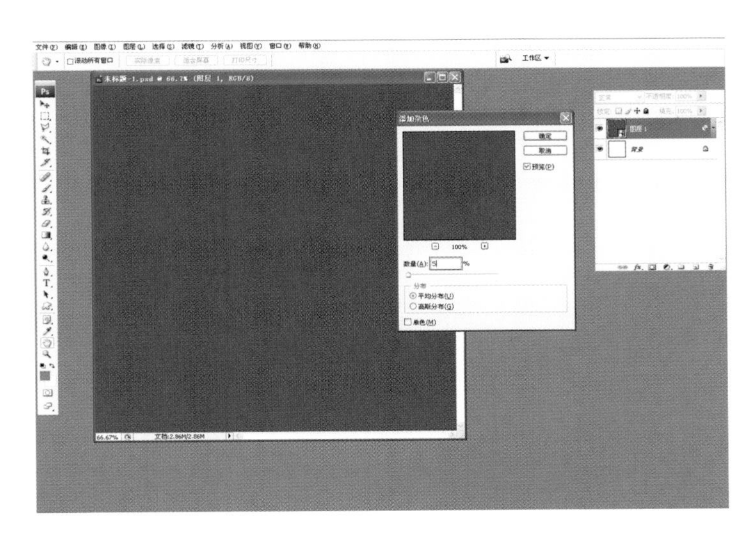

图 2-28

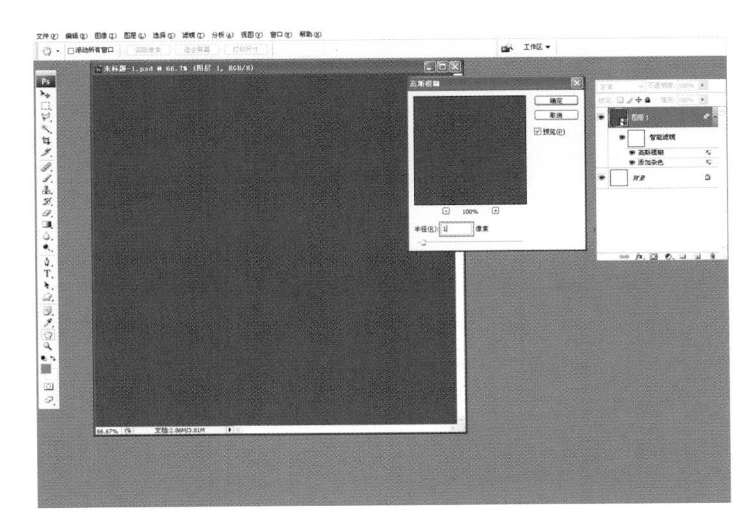

图 2-29

(6) 打开参考线，布置两条居中的参考线，以参考线的交叉点为中心画一个直径大约为 700 像素的正圆形状，命名为形状 1，如图 2-30 所示。

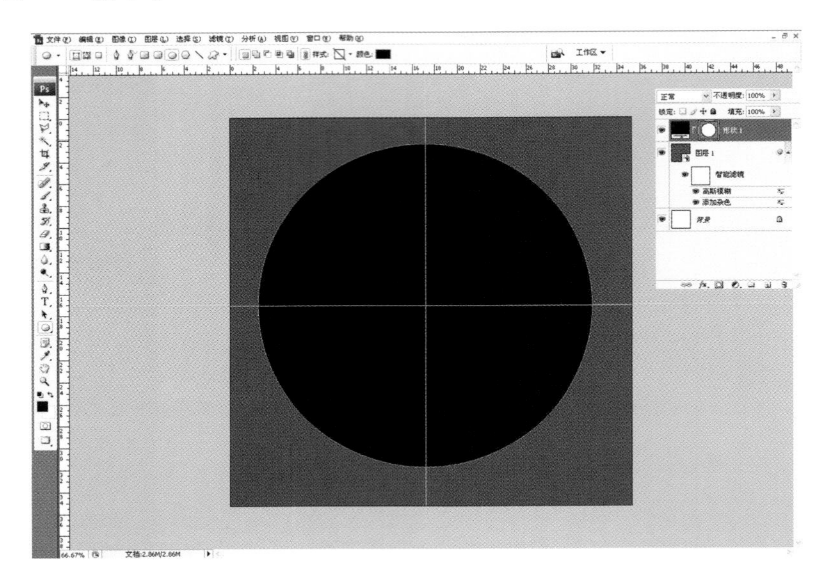

图 2-30

(7) 在状态栏中选择合并形状模式，在大圆形的下面添加一个小圆形，如图 2-31 所示。

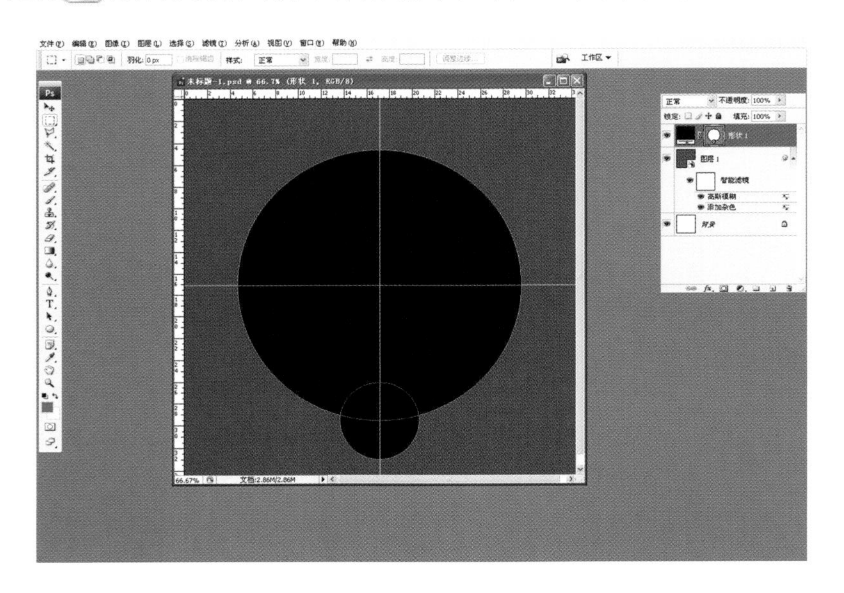

图 2-31

(8) 双击该图层，进入图层样式，给图层添加渐变叠加、外发光、内阴影、投影等样式，具体面板参数，如图 2-32至图 2-35 所示。

2. 完善形状

(1) 添加参考线，重新画一个直径大约为 460 像素的圆形，命名为形状 2，如图 2-36 所示。

(2) 在状态栏中选择选区减去模式，画一个直径大约为 260 像素的圆形，如图 2-37 所示。

(3) 双击该图层，进入图层样式，给图层添加渐变叠加、投影、内阴影等样式，具体面板参数如图 2-38 至图 2-41 所示。

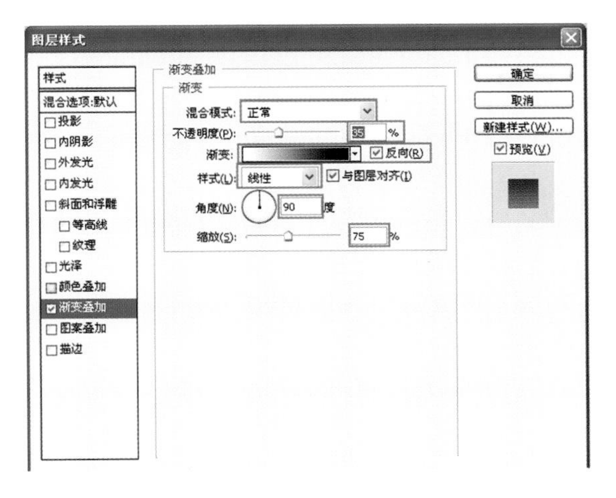

图 2-32

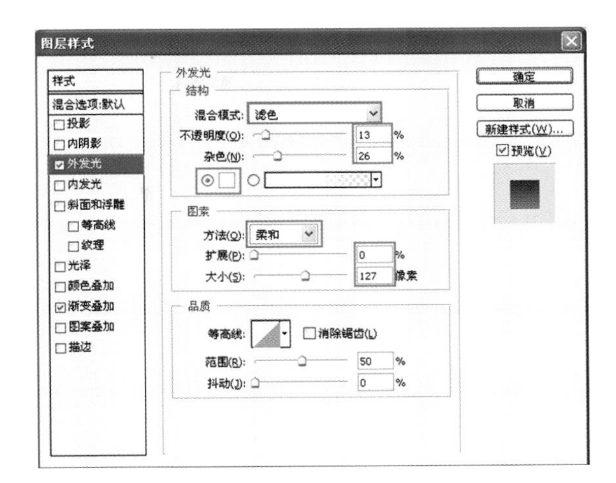

图 2-33

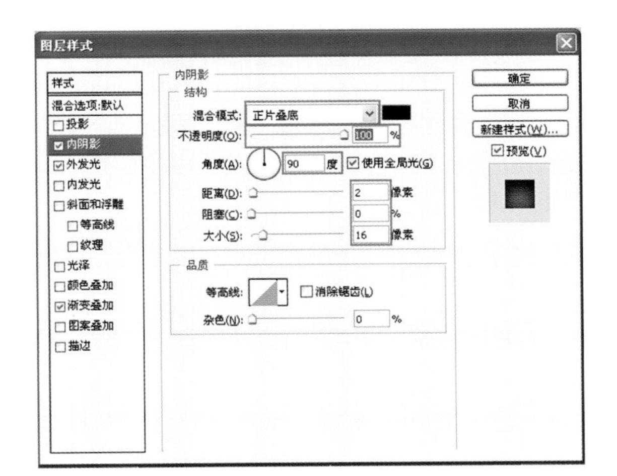

图 2-34

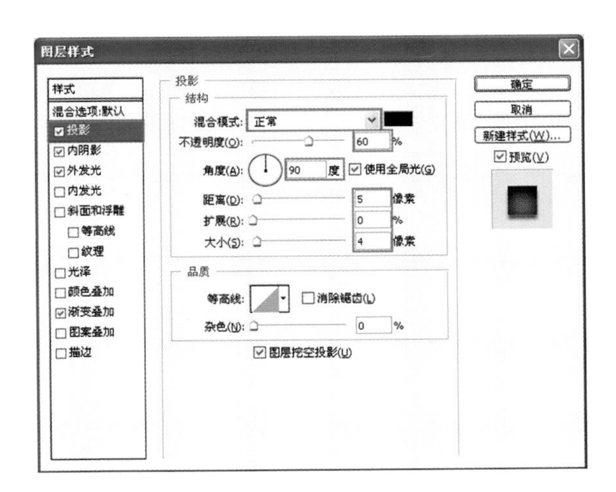

图 2-35

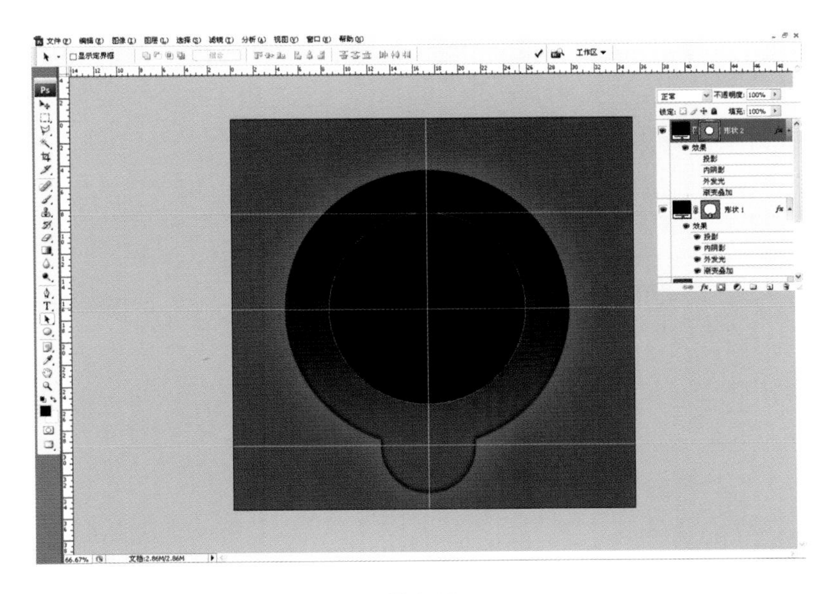

图 2-36

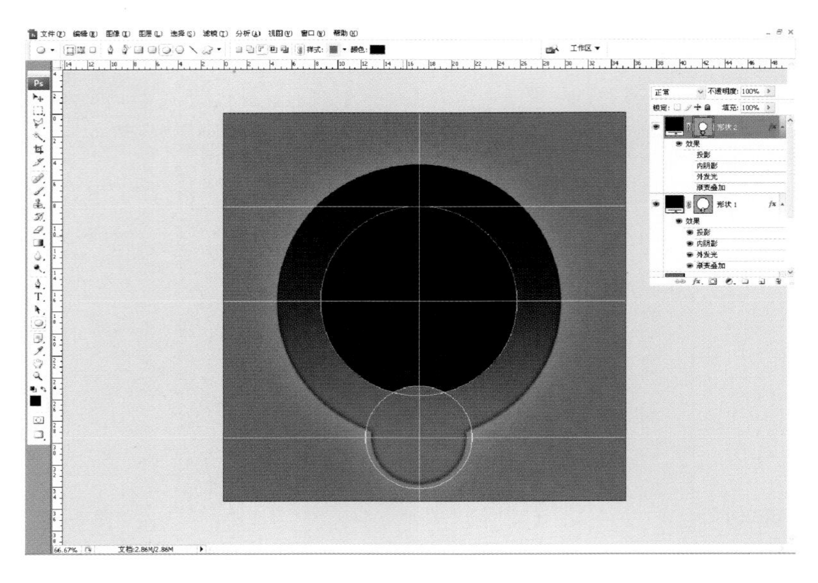

图 2-37

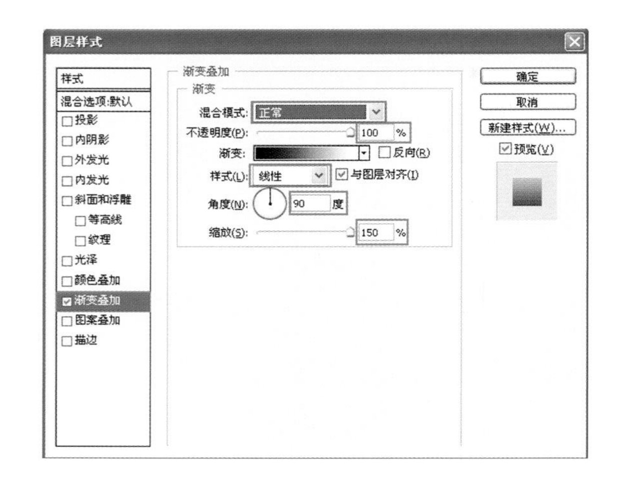

图 2-38

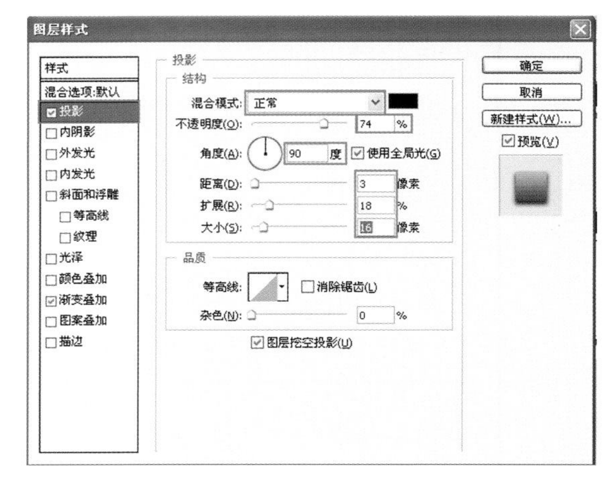

图 2-39

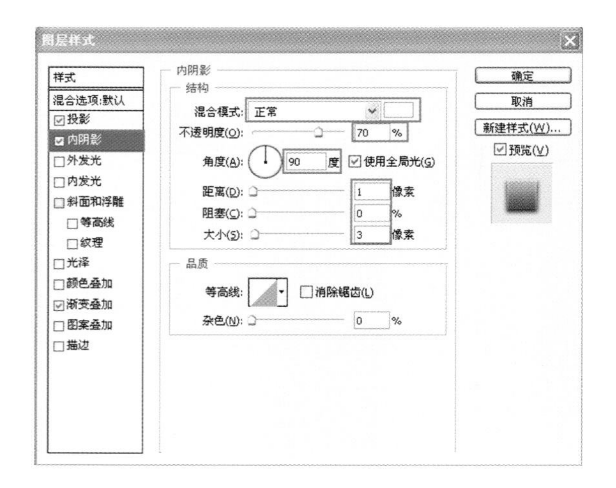

图 2-40

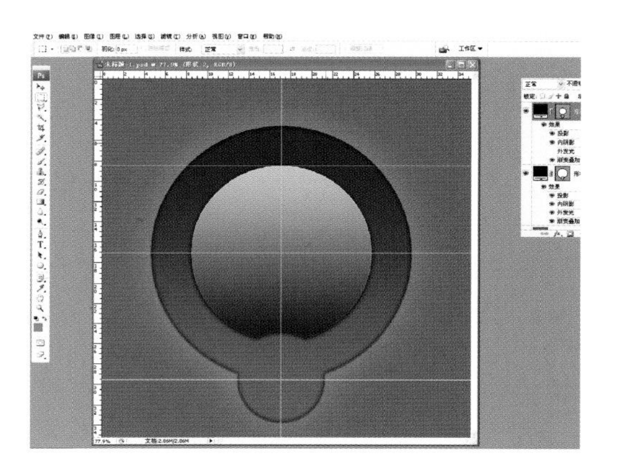

图 2-41

(4) 重新画一个直径大约为 240 像素的圆形,命名为形状 3,如图 2-42 所示。

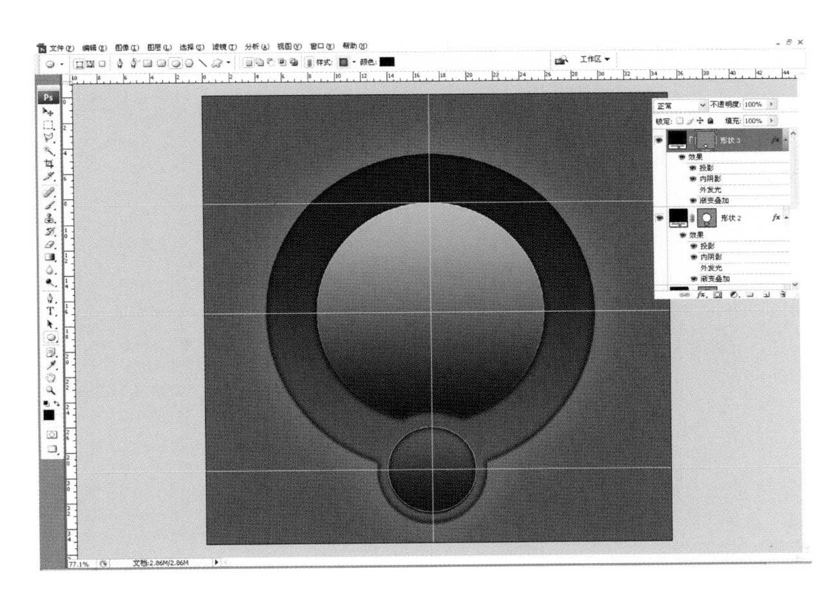

图 2-42

(5) 重新画一个直径大约为 200 像素的圆形,命名为形状 4,如图 2-43 所示。

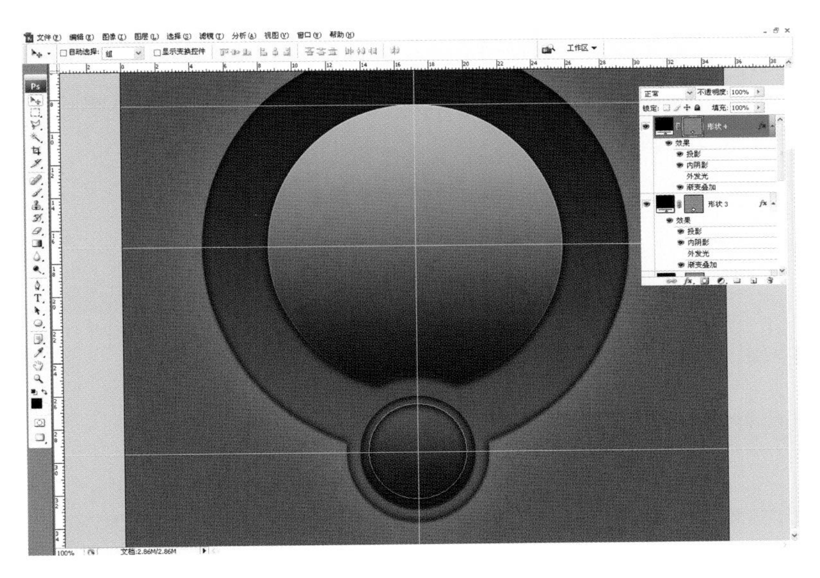

图 2-43

(6) 双击该图层,进入图层样式,如图 2-44 所示,给图层添加渐变叠加,灰色选择 43%。

(7) 双击该图层,进入图层样式,给图层添加斜面和浮雕、投影等样式,面板参数如图 2-45 和图 2-46 所示。

(8) 重新画一个直径大约为 400 像素的圆形,命名为形状 5,如图 2-47 所示。

(9) 双击该图层,进入图层样式,如图 2-48 所示,给图层添加渐变叠加,灰色选择 60%。

3. 主体完善

(1) 制作中间带有细齿的旋钮,画一个矩形,旋转 45°,压扁形成一个细齿的形状,如图 2-49 所示。

(2) 以该图形对象的中心为旋转中心进行旋转和复制,按快捷键 Ctrl + Alt + T,旋转 2°后,不断按快捷键 Shift + Ctrl + Alt + T,完成循环复制,一个齿轮产生了,如图 2-50 所示。

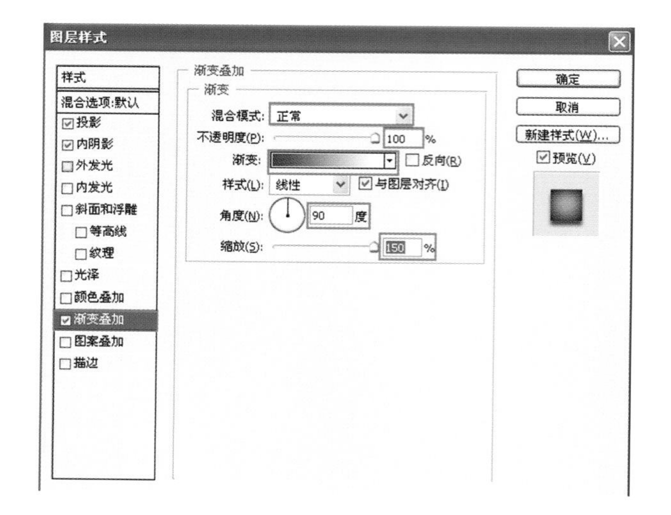

图 2-44

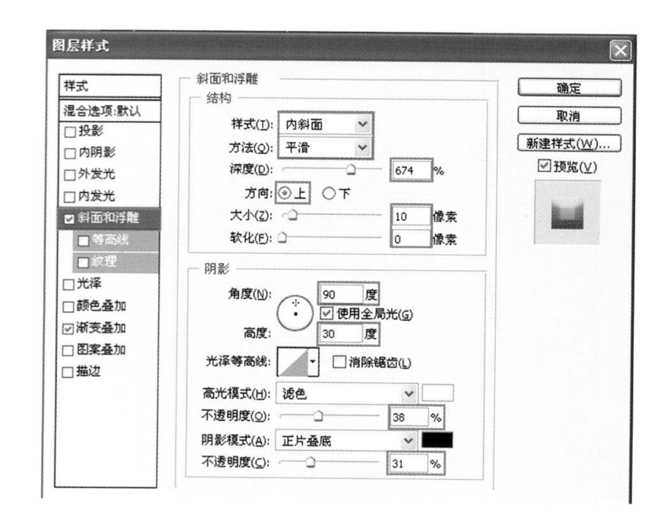

图 2-45

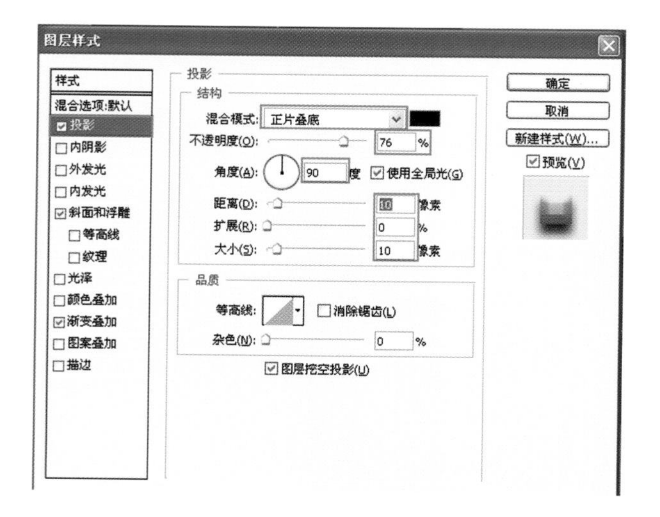

图 2-46

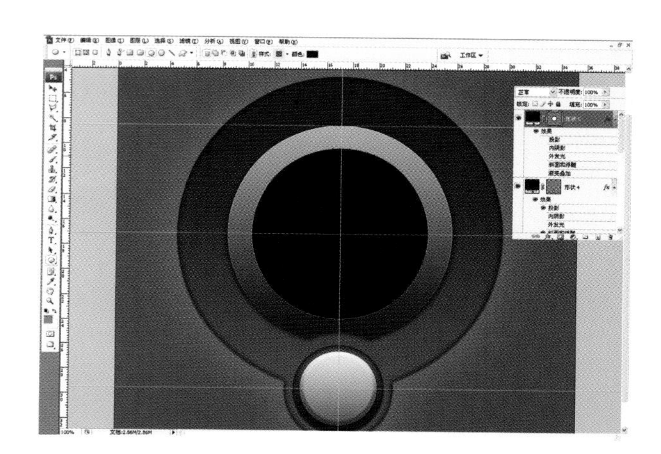

图 2-47

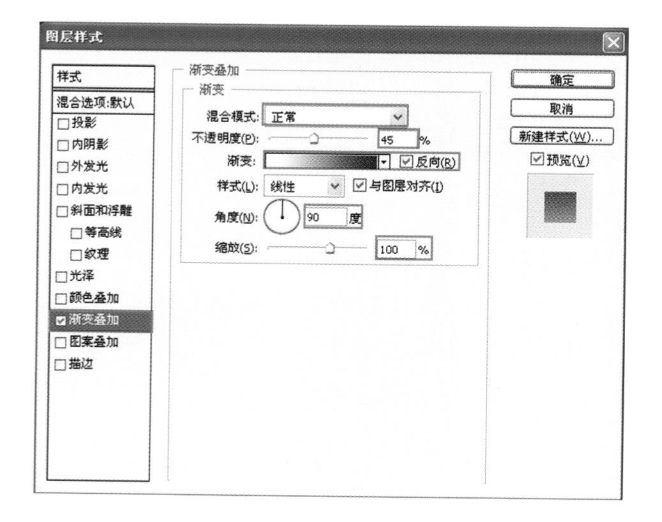

图 2-48

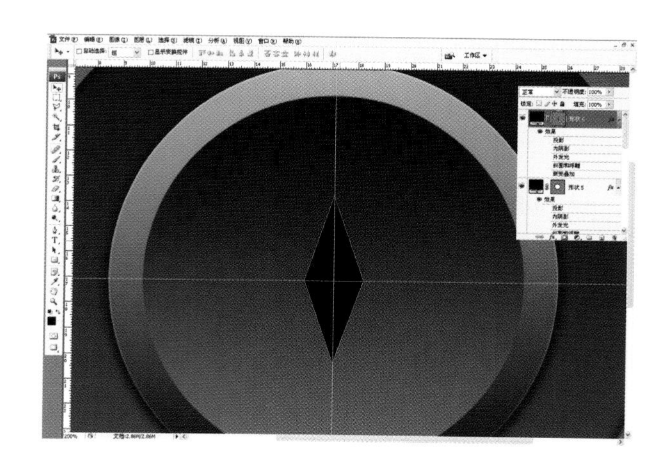

图 2-49

（3）双击该图层，进入图层样式，如图 2-51 所示，给图层添加渐变叠加，灰色选择 60%。

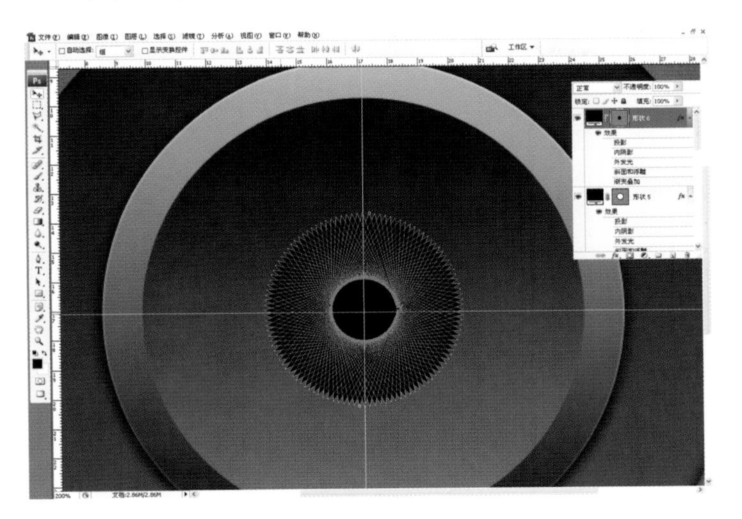

图 2-50

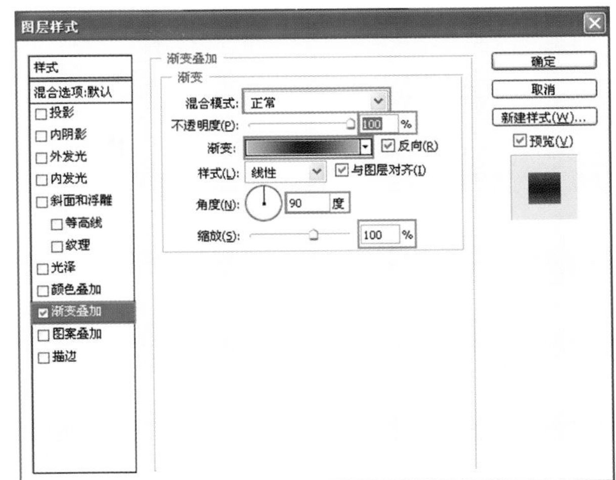

图 2-51

（4）双击该图层，进入图层样式，给图层添加投影、外发光等样式，面板参数如图 2-52 和图 2-53 所示。

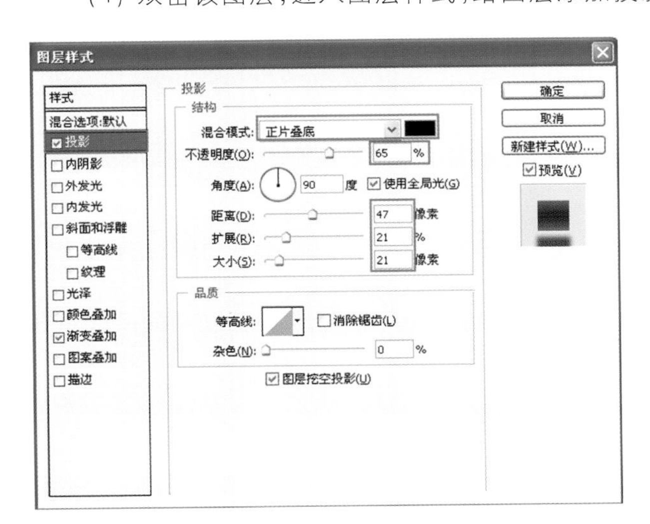

图 2-52

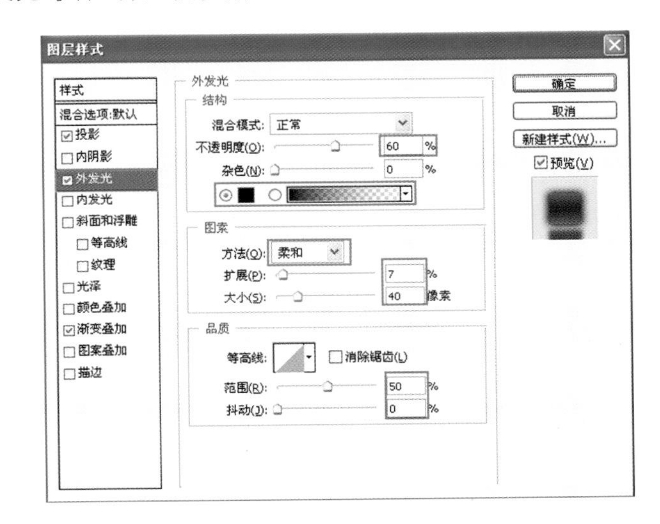

图 2-53

（5）再画一个圆形，让边缘虚化一点，进入图层样式，给图层添加渐变叠加，添加一个模拟金属的角度渐变，如图 2-54 所示。效果如图 2-55 所示。

（6）进入图层样式，给图层添加斜面和浮雕样式，模拟旋钮高度效果，如图 2-56 所示。

4. 细节完善

（1）制作刻度。画一个稍小于外圆的圆形，复制一条路径后将圆删除，一个圆环出来了，为了能更好地目测它的大小，先暂时降低它的透明度，如图 2-57 所示。

（2）添加一条参考线。为了使两边能更对称，用钢笔裁去不需要的部分，如图 2-58 所示。

（3）复制该图层，并命名为形状 8 副本，隐藏备用。进入图层样式，添加斜面和浮雕样式，如图 2-59 所示。

（4）打开隐藏的形状 8 副本备用层，用 从选区减去模式添加一条居中的 2 像素宽直条。以该图形对象的中心为旋转中心进行旋转和复制，按快捷键 Ctrl + Alt + T，旋转 3°后，不断按快捷键 Shift + Ctrl + Alt + T，完成循环复制，如图 2-60 所示。

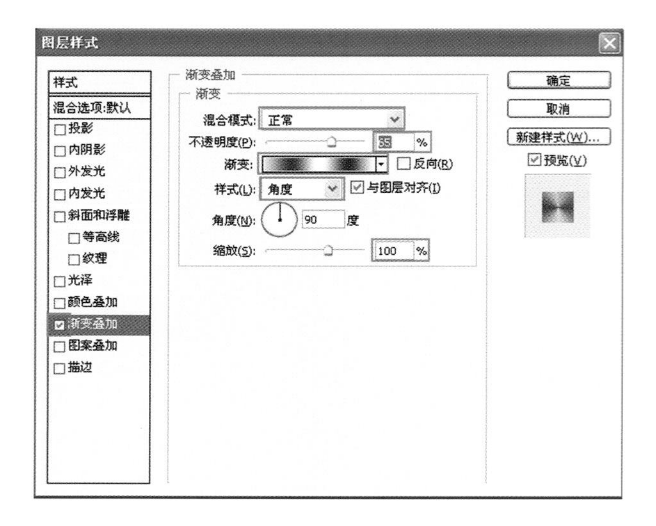

图 2-54

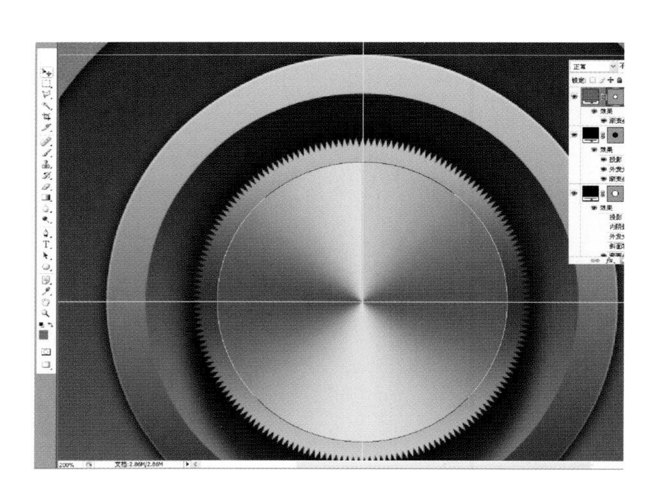

图 2-55

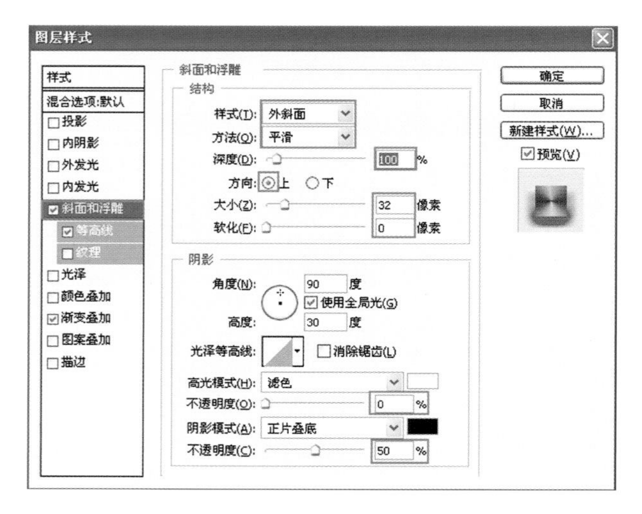

图 2-56

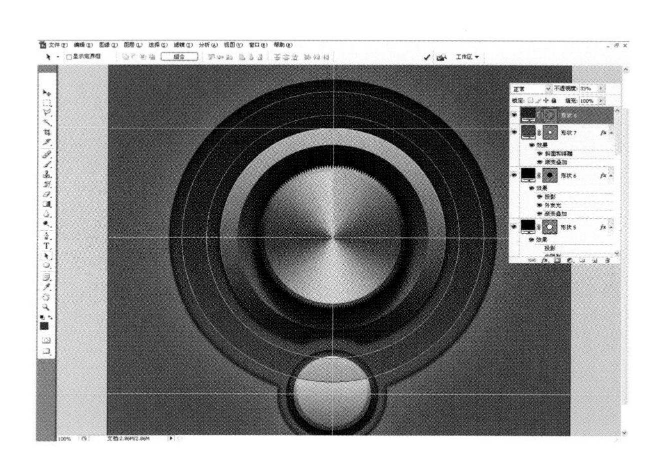

图 2-57

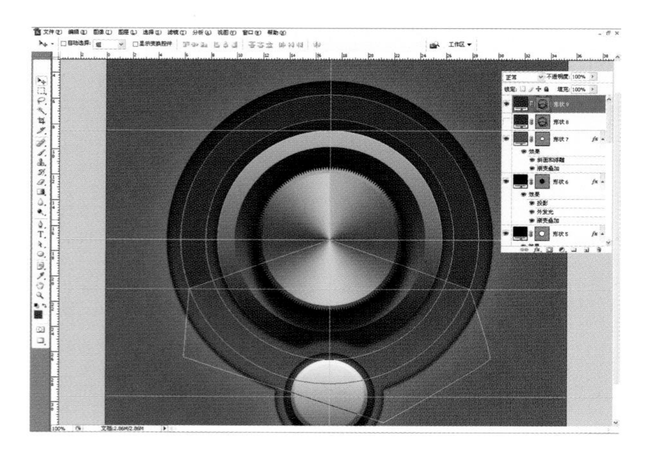

图 2-58

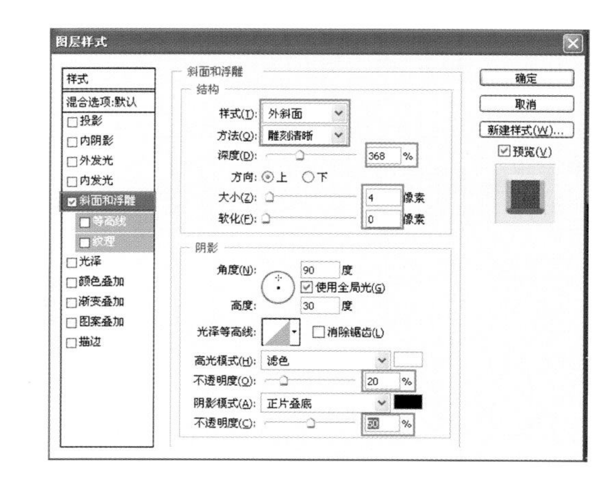

图 2-59

（5）将该图形颜色更改为比较深的灰色，进入图层样式，添加斜面和浮雕、阴影等样式，如图 2-61 和图 2-62 所示。

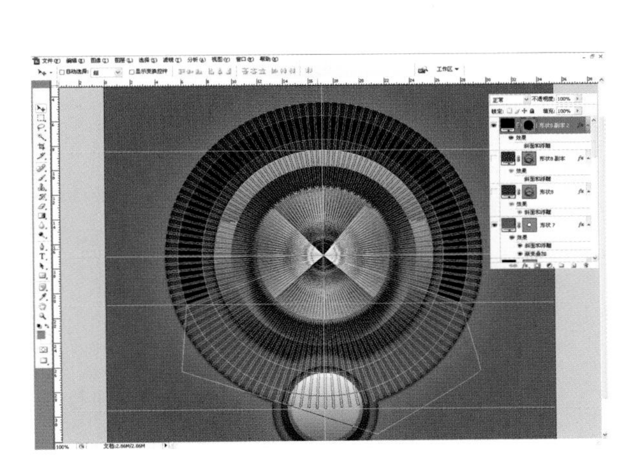

图 2-60

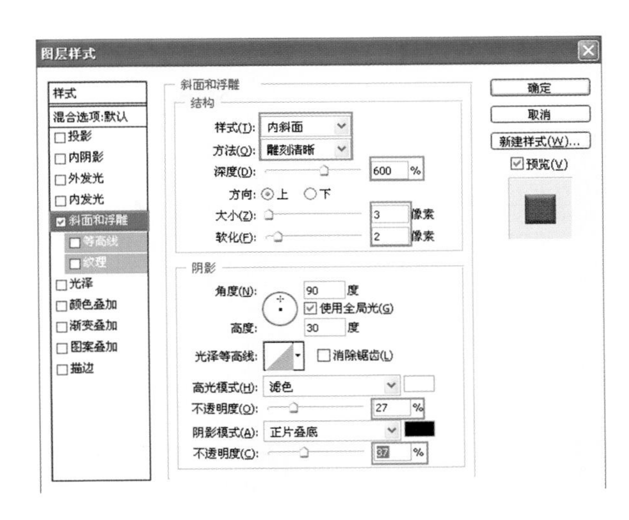

图 2-61

(6) 复制形状 8 副本,命名为形状 8 副本 2,在图层样式里把颜色更改为浅蓝色后,再添加斜面和浮雕,它没有暗面,如图 2-63 所示。

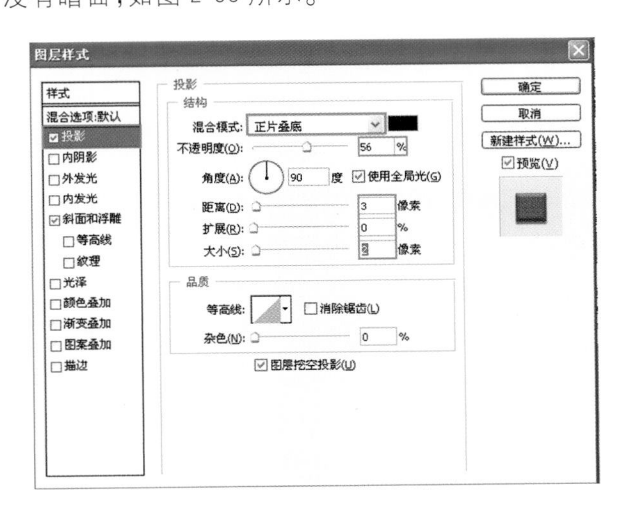

图 2-62

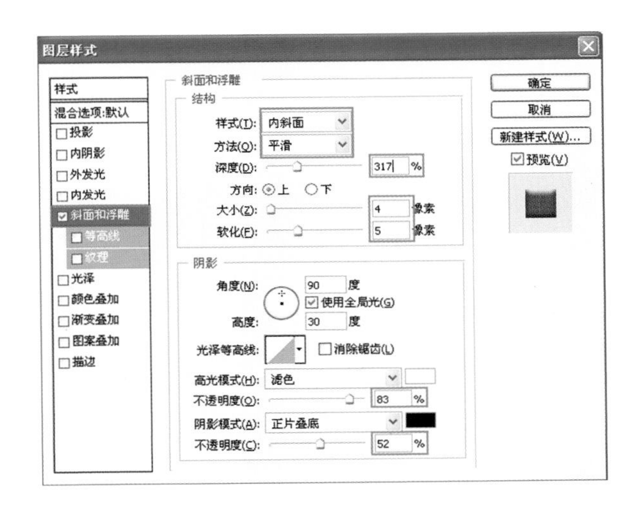

图 2-63

(7) 再次编辑路径,裁去一部分,科幻感十足的刻度完成了,如图 2-64 和图 2-65 所示。

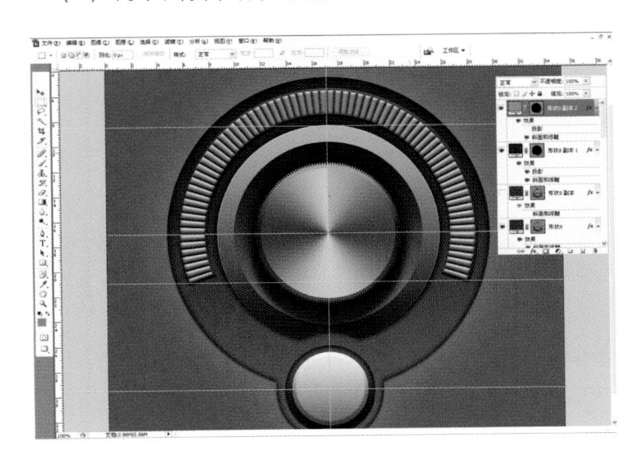

图 2-64

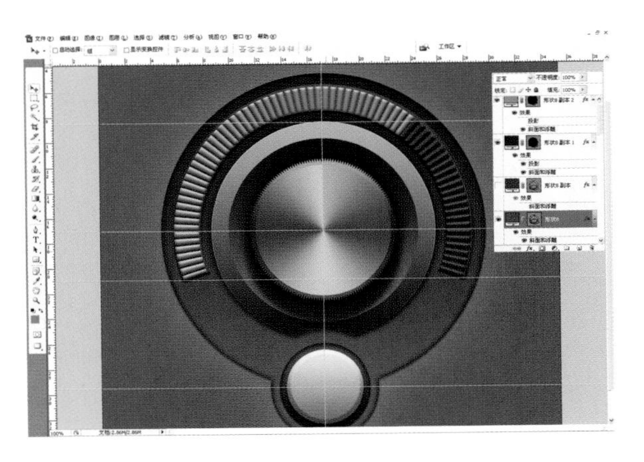

图 2-65

5. 装饰美化

(1) 用前面同样的办法制作一个小按钮上的指示灯,过程不再重复了。效果如图 2-66 所示。

(2) 设计文字,进入图层样式,添加内阴影、投影等样式。效果如图 2-67 所示。

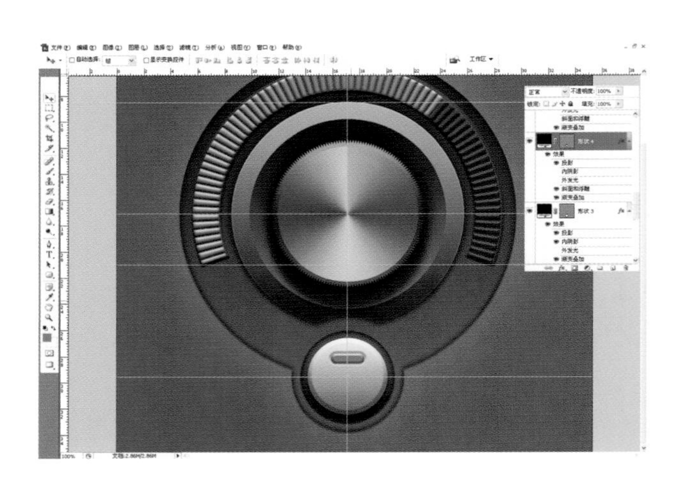

图 2-66

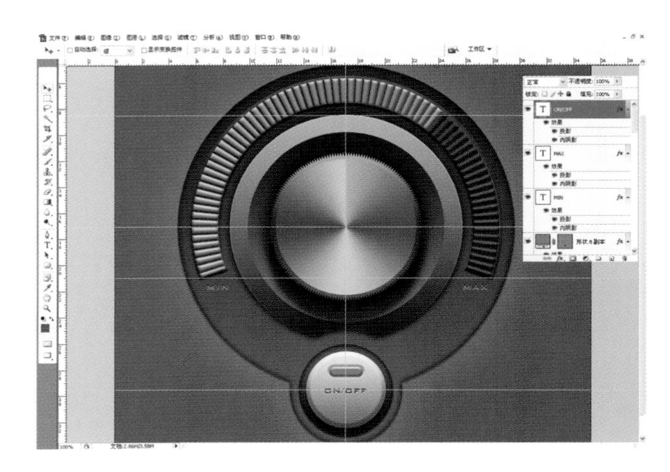

图 2-67

(3) 按快捷键 Ctrl + Shift + S,在弹出的"存储为"对话框中将该图像文件命名为金属质感旋转按钮.jpg,保存在"项目二"文件夹中。最终效果如图 2-68 所示。

图 2-68

单元二 唯美炫彩星空海报设计

知识点一 广告招贴 ONE

广告是产品销售的“红娘”，市场竞争的“利益”。广告宣传的艺术性主要体现在“三言”，即“言出达意”（讲究准确）、“言简意赅”（以一当十）、“言不虚发”（注意效果）。广告宣传方式是达到广告宣传目的的必要手段，也是广告艺术的一种体现。广告宣传方式是没有固定模式的，只要能标新立异、独树一帜，就有可能收到良好的广告宣传效果。广告设计要注意广告画面色彩的运用，浓淡要适宜，力求均衡，对比不要太强烈，也不要太相近，通常在色彩构思中，应当把商品的色彩与底色贯穿起来，如图 2-69 所示。

图 2-69

1. 广告招贴的概念

广告招贴按其文字解释，“招”是指引注意，“贴”是张贴，即为招引注意而进行张贴，招贴的英文为“poster”，也指张贴于纸板、墙、大木板或车辆上的印刷广告，或以其他方式展示的印刷广告，它是户外广告的主要形式，是古老的广告形式之一。

广告招贴在我国还有一个名字叫“海报”。据说我国清朝时期有洋人海船载着货物在我国沿海码头停泊，并将这种类型的宣传画张贴于码头沿街各醒目处，以促销其货物，沿海市民称这种类型的宣传画为海报。依此而发展，以后凡是有类似海报目的及其他有传递消息作用的张贴物我们都习惯称之为“海报”。

在国外，招贴的大小有标准尺寸，按英制标准，招贴中最基本的一种尺寸是30英寸×20英寸(508 mm×762 mm)。相当于国内对开纸大小，依照这一标准尺寸，又发展了其他标准尺寸，如30英寸×40英寸、60英寸×40英寸、60英寸×129英寸等，大尺寸是由多张纸拼贴而成的。专门吸引步行者看的招贴一般贴在商业区、公共汽车候车亭和高速公路区域，并以60英寸×40英寸大小的招贴为多，而设在公共信息墙和广告信息场所(如伦敦地铁站的墙上)的招贴以30英寸×20英寸的为多。

美国最常用的招贴尺寸有四种，即1张一幅(508 mm×762 mm)、3张一幅、24张一幅和30张一幅，其中最常用的是24张一幅的，属巨幅招贴画，一般贴在人行道旁行人必经之处和售货地点。

2. 招贴的特点

招贴顺应了各种流行风格的变换和技术上的变化(包括摄影、蒙太奇手法和胶版印刷等)。这些风格包括后立体主义、装饰艺术、超现实主义和包豪斯等。招贴市场被讲究透视、简单化、几何化，借鉴了波兰建筑细部，富有民族风格样式的招贴形式所主导。

尽管各个民族的许多设计大师都在招贴设计这一领域施展着自己的个性和才华，但招贴的设计语言仍具有很多的共性和特点，如新奇、简洁、夸张、冲突、直率、冲击力等，如图2-70和图2-71所示，这些特征将帮助我们更深入地了解和学习招贴设计。其主要特点为：①强烈的视觉冲击力；②独具匠心的创意；③准确传达信息；④广博的社会内容。

图2-70

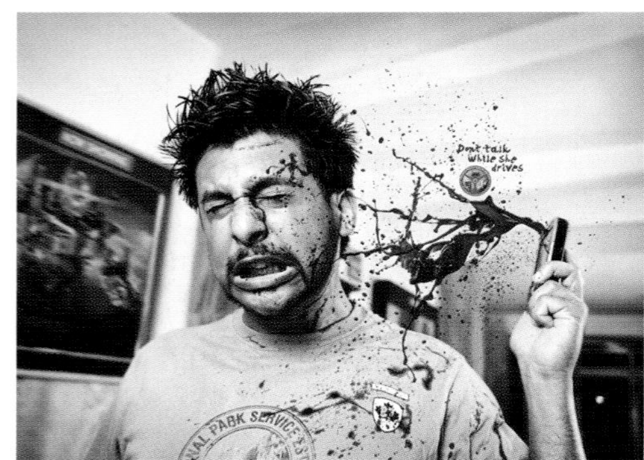

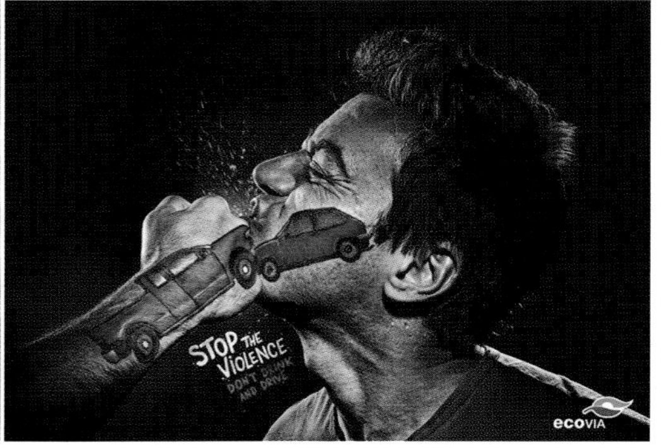

图2-71

3. 广告招贴的功能

1）传播信息

传播信息是招贴最重要的功能，特别是商业招贴，其传播信息的功能首先表现在商品的性质、规格、质量、质地、成分、技术、特点、使用方法、养护和维修等的说明，也有对劳务方面内容（包括饮食、照相、洗染、旅馆、理发、洗澡、旅游等）加以介绍的。商品信息若不能有效地传递给消费者，消费者就不会采取购买行动。招贴作为一种有效的广告形式，可以充当传递商品信息的角色，使消费者和生产者都节约时间，并及时解决各种需求问题。

2）利于竞争

竞争作为市场经济的一个重要特征，对于企业来说是一种挑战，也是一种动力。当今企业与企业之间的竞争，主要表现在两个方面，其一是产品内在质量的竞争，其二就是广告宣传方面的竞争。随着科学水平的不断提高，产品与产品的内在质量的差异性将愈来愈小，相对而言，各企业将愈来愈重视广告方面的竞争。招贴作为广告宣传的一种有效手段，可以用来树立企业的良好形象，提高产品的知名度，开拓市场，促进销售，最终在市场竞争中获得胜利。例如，过去北京地毯在美国的销售一直不景气，为此，北京地毯进出口公司和美国一家广告公司签订了用广告促销北京地毯的协议。耗资 20 万美元，大量采用照片招贴等形式在美国宣传，结果赢得了美国消费者的信任，当年销售北京地毯价值 60 万美元，第二年销售量比前一年增长 10%，第三年又比第二年增长 14%，以后逐年递增。由此可见，招贴作为竞争的一种广告传媒是何等的重要。

3）刺激需求

消费者的某些需求是处于潜状态之中的，企业如不对其进行刺激，消费者的购买行动就会减少，产品也就卖不出去，招贴作为刺激潜在需求的有力武器，其作用不可忽视。

4）审美作用

招贴作为一种“说服”形式的广告，极讲究审美效果。具体说来，招贴的审美作用表现在三个方面。其一，招贴的形式生动活泼，往往图文并茂，易于引起消费者注意。其二，招贴广告一般言简意赅，因而易于消费者记忆，易于让消费者对其形成牢固印象。其三，招贴在发挥其应用的功能时，通常都是以软性感化的方式来进行的，而不是用强行灌输的方式来进行的，在心理上消费者易被意念同化，如图 2-72 所示。

图 2-72

4. 广告招贴的分类

1）按主题分类

广告招贴按主题可分为商业招贴、公益招贴和主题创作（文化艺术）招贴。

2）按形式分类

广告招贴按形式可分为具象型招贴、抽象型招贴、文字型招贴和综合型招贴。

知识点二　广告招贴设计　TWO

1. 广告招贴设计的要求

广告招贴设计的要求有：①引起注意；②画面生动；③方便导读；④表现真实。图 2-73 所示招贴示例。

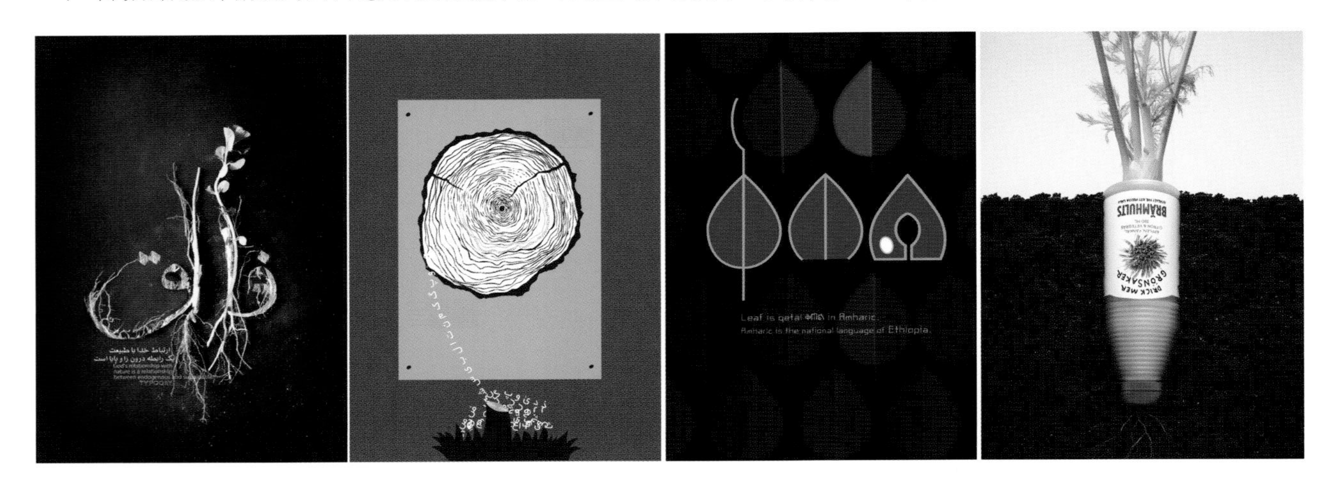

图 2-73

2. 广告招贴设计的程序

1）明确主题

接到设计任务后，我们首先要弄清楚自己所设计的招贴的目的，也就是说，它的作用是什么。无论是从事文化招贴设计还是商业招贴设计，明确主题是我们正确运用图形、字体设计或色彩关系的基础，同样也是我们选择从哪种形式入手进行招贴设计的关键。

2）市场调研

无论是文化艺术招贴、公益招贴还是商业招贴，在着手招贴创意设计之前，都需要围绕着主题进行市场调研与资料收集活动。

3）归纳分析

归纳分析是指在占有大量的信息和素材基础上的工作。设计师在进行市场调研和资料收集以后所需做的第一件事情就是围绕着创意进行分析。

4）确定方法

招贴设计采用哪种方法比较好，只有在明确了招贴的目的后才能确定，方法就其本身而言只是外表和形式，而不是本质。一个主题或一个好的创意是可以通过不同的表现方法来实现的，如图 2-74 所示。

图 2-74

3. 广告招贴设计的构成要素

广告招贴是广告的媒体形式之一,如图 2-75 所示,因此,必须具备主题、标语、插图、文案、广告语这五大基本要素。

图 2-75

4. 广告招贴设计的创意手法

(1) 讲话留一半:作品的妙处在于给观众留下联想的空间,所以要做到"点到即止"。

(2) 夸大微小:通过这种手法可强调或揭示事物的实质。

(3) 改变事物属性:如把坚硬的建筑变成软化的冰淇淋。

(4) 替换元素:如你把镜子里的自己换成小狗的脸,一定有人会笑你。

(5) 形与意的演变:《狗尾草》集子里有许多这样的短片,如两个人拥抱变成了树,小狗过来又变成了人。

(6) 同构与巧合:利用外形的相似,将两者合二为一,如狗尾巴上长着狗尾草就是同构与巧合。

(7) 颠倒角色,逆向思维:如(小朋友"教育"自己的父母)"这么大的人了还吵架? 不如跟我去幼儿园!"

(8) 黑白不分:如,我问你——"斑马到底是白马长着黑条纹还是黑马长了白条纹?"你问我——"到底是鸡生了蛋,还是蛋生了鸡?"看来,我们谁也赢不了谁。

(9) 逻辑错误:如讲真话会得罪领导,讲假话又得罪群众,领导和群众都在场,这个报告该怎么讲?

(10) 蒙太奇:将多种元素进行结合、分离、互换、错位、次序颠倒,产生的结果真是太奇妙了,如图 2-76 和图 2-77 所示。

图 2-76

图 2-77

5. **广告招贴设计的编排**

编排是将图形、色彩、文字等基本要素，运用视觉元素的主次逻辑进行流畅的视觉流程设计。编排是为了引导读者更加轻松地阅读，因此必须了解受众的阅读习惯，如人们习惯从左向右看、从上向下看，先看图形后看文字等。

视觉的信息量不宜过多，在造型和构图中应避免复杂和烦琐的安排，尽量采用明确的信息符号，加快视觉认知和理解速度。

由于受生理与心理因素的影响，人的视线在画面上浏览，有比较固定的模式可循：先看大的，后看小的；先看彩色的，后看黑白的；先看图形，后看文字；先看对比强烈的，后看对比柔和的……在设计时应根据视觉规律，对应具体问题时，每个规律都不相同，合理编排招贴作品中的各类元素，有效地引导读者阅读，如图 2-78 所示。

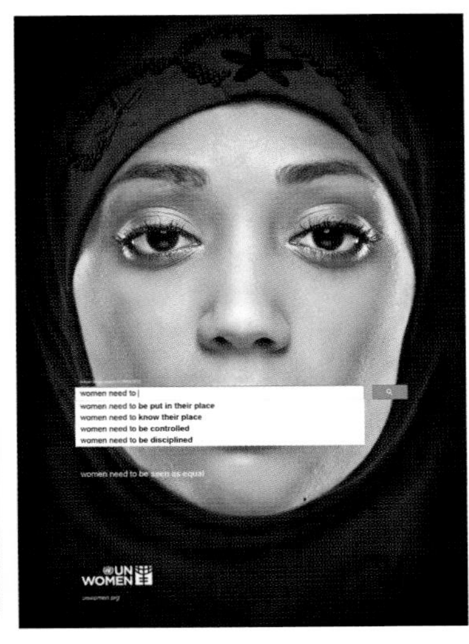

图 2-78

6. **广告招贴设计的表现形式**

1）广告招贴设计的方法

素描：一般是指用单一的颜色来描绘对象。它不单指用铅笔这一种工具，钢笔、炭笔等都可以作为素描的工具来表现事物。

水墨画：与素描相比，水墨画在招贴中的运用，则是在中国传统水墨画的基础上发展起来的，作为表现方法它有着极为广泛的观众认知基础。

拼贴：毕加索应该是拼贴画的发明者，拼贴可以描述为任何外来物质与画的表面融合，而布拉克则是纸拼贴的发明者。纸拼贴是拼贴画的一种形式，是指将纸条或碎片运用于画的表面。

色粉笔画：许多设计家选用色粉笔来做招贴，是因为色粉笔的色彩非常亮丽。色粉笔是一种便利的着色工具，它可以将丰富的色彩直接画在画纸上，表达设计思想。

2）广告招贴设计的形式

广告招贴设计的形式有绘画表现形式、摄影表现形式和计算机设计形式，如图 2-79 所示。

图 2-79

3）广告招贴设计的表现手段

广告招贴设计的表现手段有想象、比喻、象征、拟人、图形同构、重复、变异、夸张与变形、倒置、摄影蒙太奇，如图 2-80 至图 2-82 所示。

图 2-80

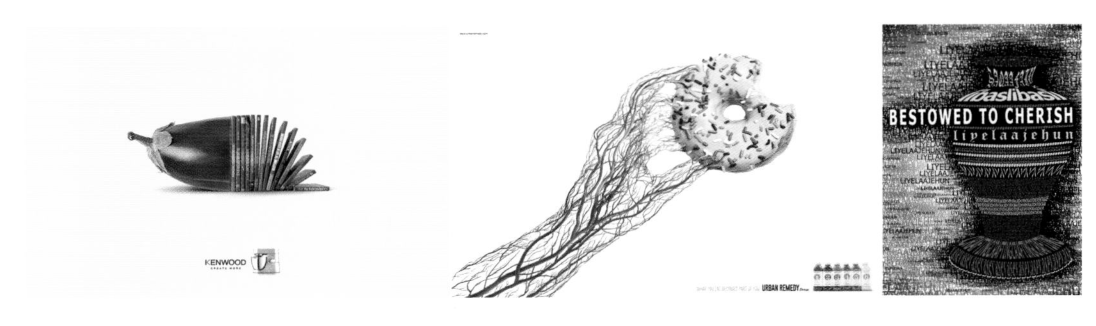

图 2-81

图 2-82

知识点三　图像处理手法设计唯美炫彩星空海报　THREE

现代图形创意突出事物特征，创造生动、富有感染力的形象，以独特的图形语言来表达设计者的认知与情感，以引起共鸣。在具体的创意表现中，往往会综合运用各种图形创意表现手法。就像文学家使用文字符号抒发胸臆一样，设计者使用图形符号表达自己内心的情感，他们常采用一些文学中常用的如比喻、夸张、借代等艺术表现手法来创作形象，抒发情感。这些手法的成功运用，可以突出事物特征，更形象地传达概念，有助于观众对作品内在含义的理解，如图 2-83 所示。

图 2-83

下面介绍几种常用的图形创意表现手法。

1. 创建背景画布

(1) 创建新文档。新建一个宽度为 1200 像素、高度为 1764 像素、分辨率为 300 像素/英寸的新画布，如图 2-84 所示。

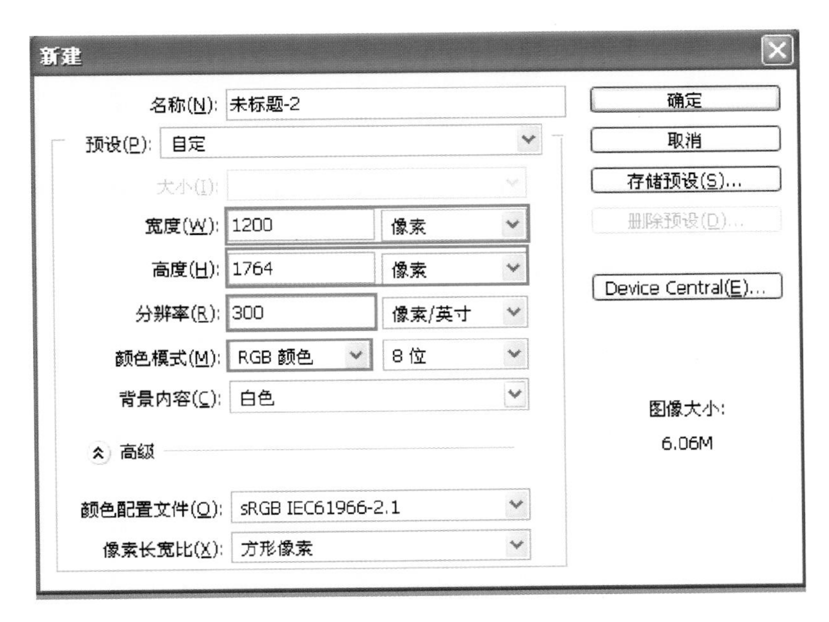

图 2-84

(2) 在工具栏中选择渐变工具，创建一个渐变调整层，参数如图 2-85 所示，渐变效果如图 2-86 所示。

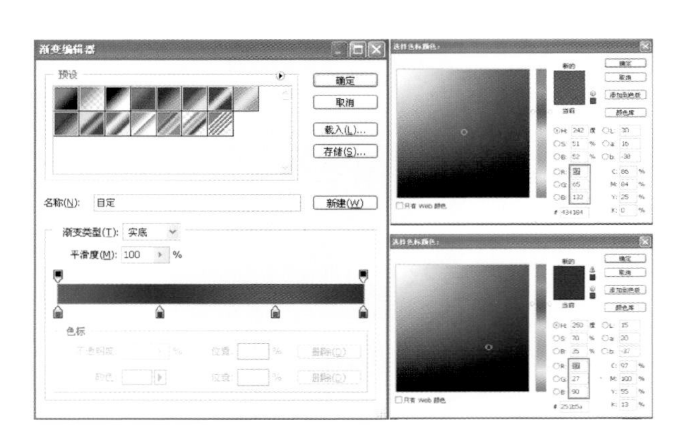

图 2-85

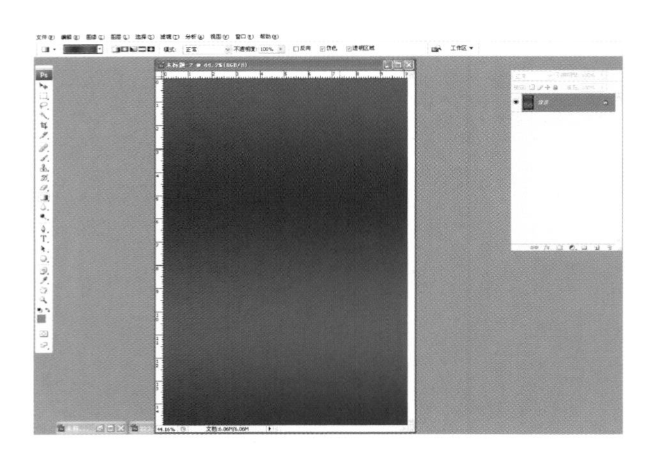

图 2-86

2. 唯美炫彩效果设计

(1) 打开一张建筑图片。执行“文件”→“打开”命令,选择文件夹“项目二”中的建筑图. jpg 文件,将其移至画布图层中,命名为建筑图,并且单击图层面板下的添加图层蒙版,给该图层添加蒙版效果,如图 2-87 所示。

(2) 按快捷键 Ctrl + T,调整建筑图片大小,在工具栏中选择画笔工具,在状态栏中调整好合适的大小和不透明度以及流量,如图 2-88 所示。

图 2-87

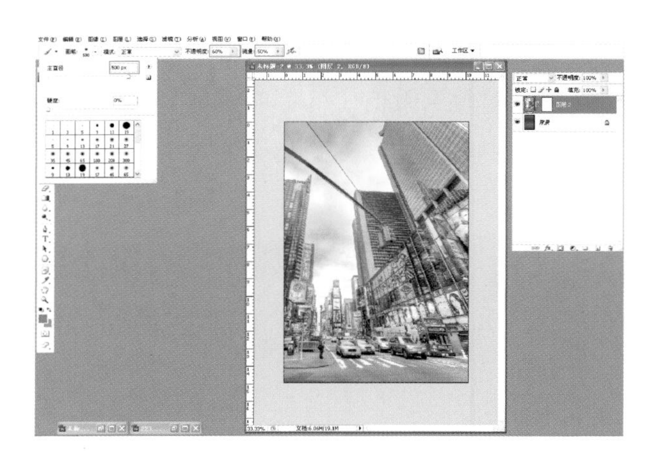

图 2-88

(3) 把前景色和背景色设置成黑白色,用画笔工具在建筑图层蒙版上绘制黑白渐变的效果,在绘制的时候可以根据整体效果,在状态栏中调整大小和不透明度以及流量,可以切换前景色和背景色来控制画面效果的面积大小,如图 2-89 所示。

(4) 执行“图像”菜单的“调整”子菜单中的“色阶”“色彩平衡”“色相/饱和度”等命令,调整效果如图 2-90 所示。

(5) 选择建筑图层,复制该图层,执行“滤镜”→“其他”“高反差保留”命令,参数如图 2-91 所示,并将图层混合模式更改为叠加。

(6) 打开两张星空图片,执行“文件”→“打开”命令,选择文件夹“项目二”中的星空 1. jpg 文件,将其移至画布图层中,命名为星空图 1,并且单击图层面板下的添加图层蒙版,如图 2-92 所示。

(7) 按快捷键 Ctrl + T,调整星空图 1 的大小,在工具栏中选择画笔工具,在状态栏中调整好合适的大小

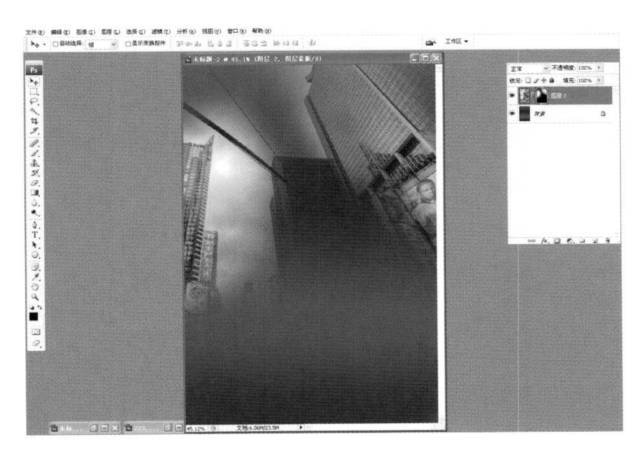
图 2-89

图 2-90

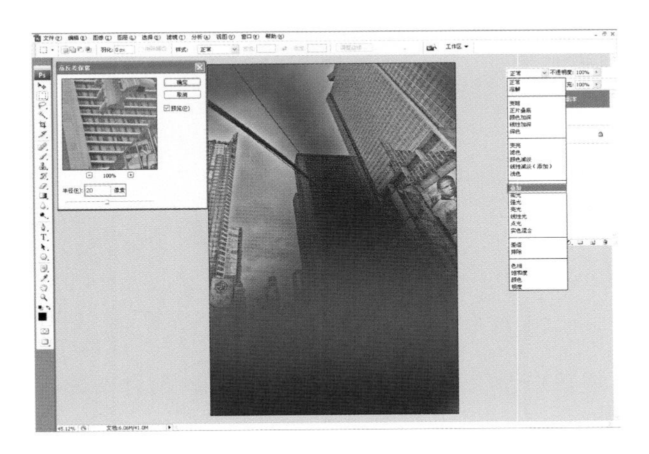
图 2-91

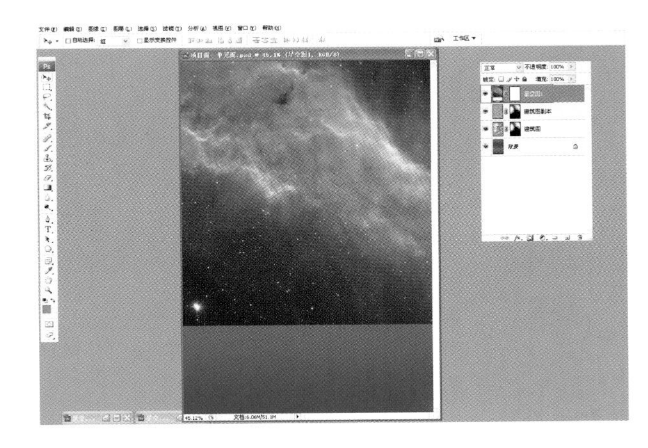
图 2-92

和不透明度以及流量，把前景色和背景色设置成黑白色，用画笔工具在星空图 1 图层蒙版上绘制黑白渐变的效果，在绘制的时候可以根据整体效果，在状态栏中调整大小和不透明度以及流量，可以切换前景色和背景色来控制画面效果的面积大小。星空图 1 的混合模式设置为滤色，如图 2-93 所示。

(8) 打开两张星空图片，执行“文件”→“打开”命令，选择文件夹“项目二”中的星空 2.jpg 文件，将其移至画布图层中，命名为星空图 2，并且单击图层面板下的添加图层蒙版，如图 2-94 所示。

图 2-93

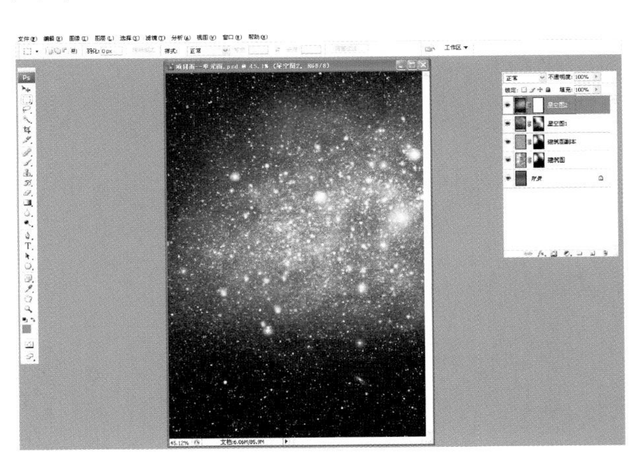
图 2-94

(9) 按快捷键 Ctrl + T，调整星空图 2 的大小，在工具栏中选择画笔工具，在状态栏中调整好合适的大小和不透明度以及流量，把前景色和背景色设置成黑白色，用画笔工具在星空图 2 图层蒙版上绘制黑白渐变的效果，在绘制的时候可以根据整体效果，在状态栏中调整大小和不透明度以及流量，可以切换前景色和背景色来控制画面效果的面积大小。星空图 2 图层的混合模式设置为滤色，如图 2-95 所示。

3. 细节设计

(1) 添加线条。居中设置参考线，用图形绘制工具中的直线工具，绘制白色的直线，旋转，复制，图层面板上的不透明度更改为 80%，然后添加蒙版，依照原图给线条添加渐隐效果，如图 2-96 所示。

图 2-95

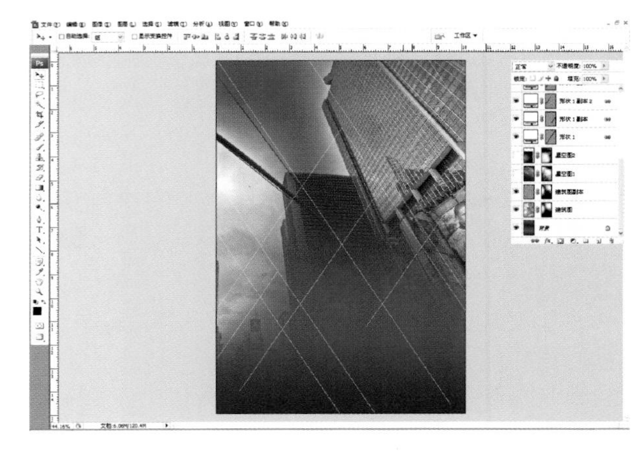

图 2-96

(2) 在画面上绘制一个倒三角形，设置水平方向的参考线，用多边形工具画一个白色的三角形，设置不透明度为 200%，如图 2-97 所示。

(3) 在图像下半部分添加一个正三角形，操作同上面第(2)点，只是这里三角形的颜色为黑色，不透明度为 15%，如图 2-98 所示。

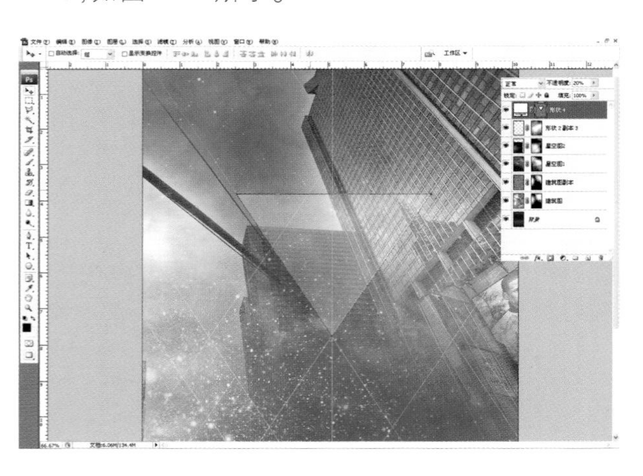

图 2-97

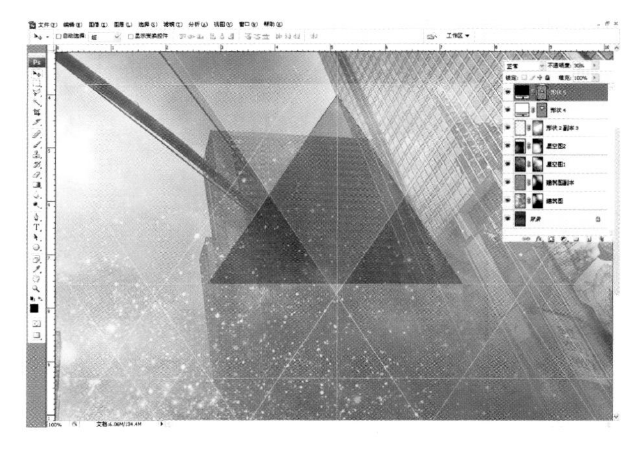

图 2-98

(4) 添加图像下半部分第二个和第三个三角形，操作依旧是一样的，三角形颜色为黑色，不透明度分别是 25%、20%。按快捷键 Ctrl + T，调整好三角形的大小，如图 2-99 和图 2-100 所示。

4. 文字编辑

(1) 添加文字。在图像下半部分添加三根白色的线条，粗细设置为 3 像素，可以用工具栏中的直线工具绘

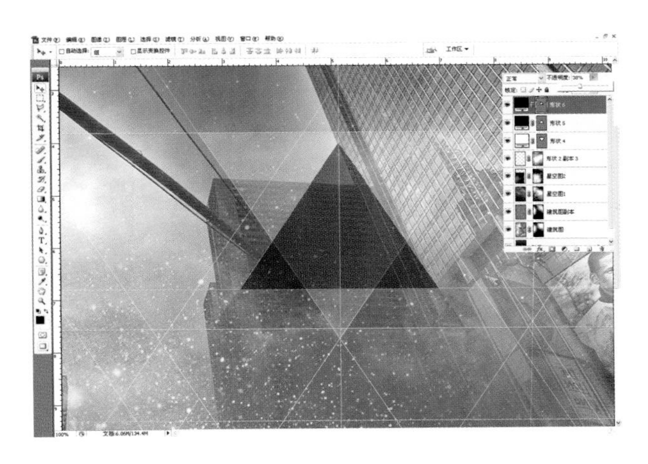

图 2-99

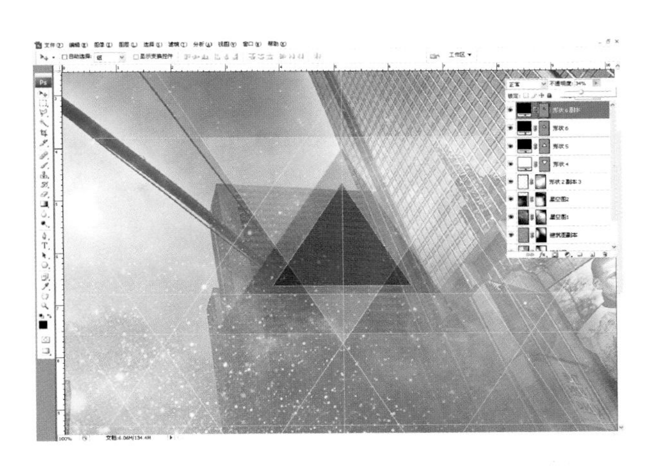

图 2-100

制，也可以用矩形工具绘制，如图 2-101 所示。

(2) 绘制中间的圆形，设置蓝色圆的不透明度为 80%，并给蓝色圆设置描边，参数为 6 像素。效果如图 2-102所示。

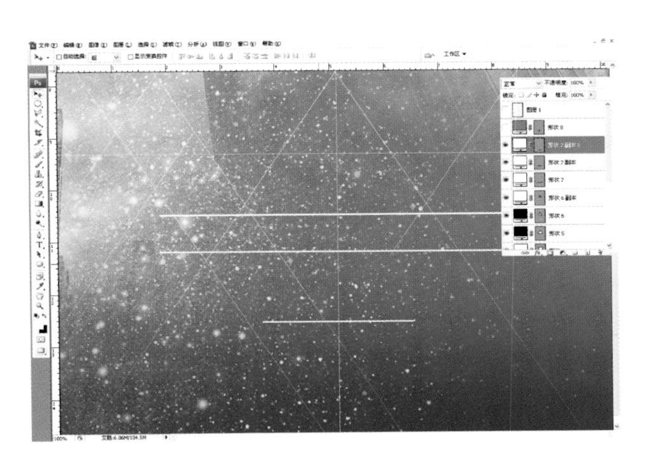

图 2-101

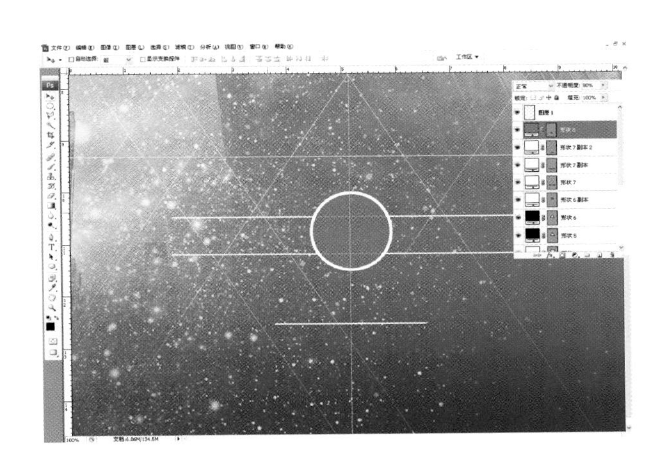

图 2-102

(3) 利用工具栏中的文字工具输入文字，版式、颜色如图 2-103 和图 2-104 所示。

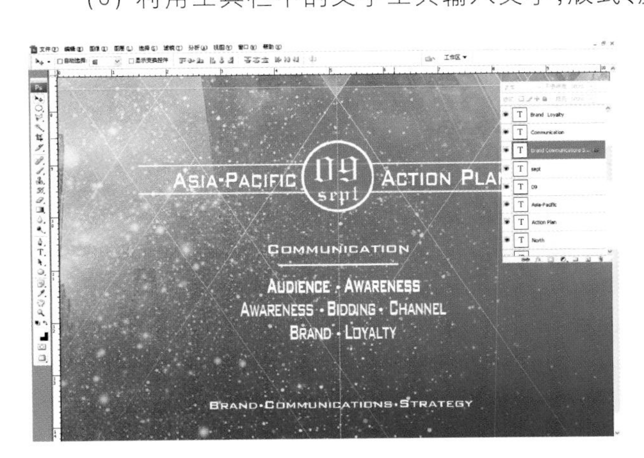

图 2-103

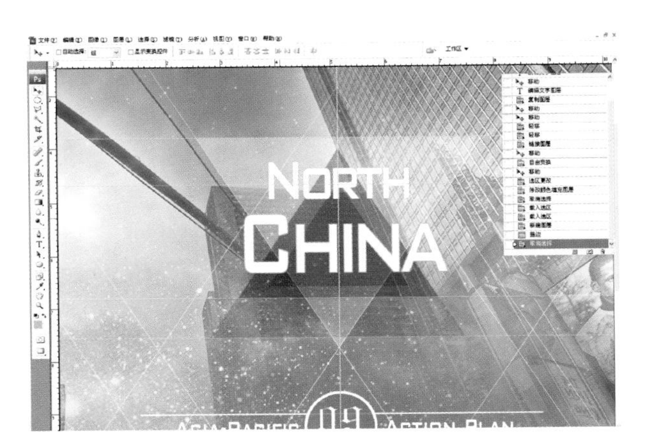

图 2-104

(4) 新建一图层,填充黑色,执行“滤镜”→“渲染”→“云彩”命令,将图层混合模式更改为柔光,并添加一个蒙版,适当擦拭。调整云彩效果,营造层次感。图层不透明度参数设置为 50%,如图 2-105 所示。

图 2-105

(5) 合并需要的图层,给合并后的图层增加色彩平衡,参数如图 2-106 所示。

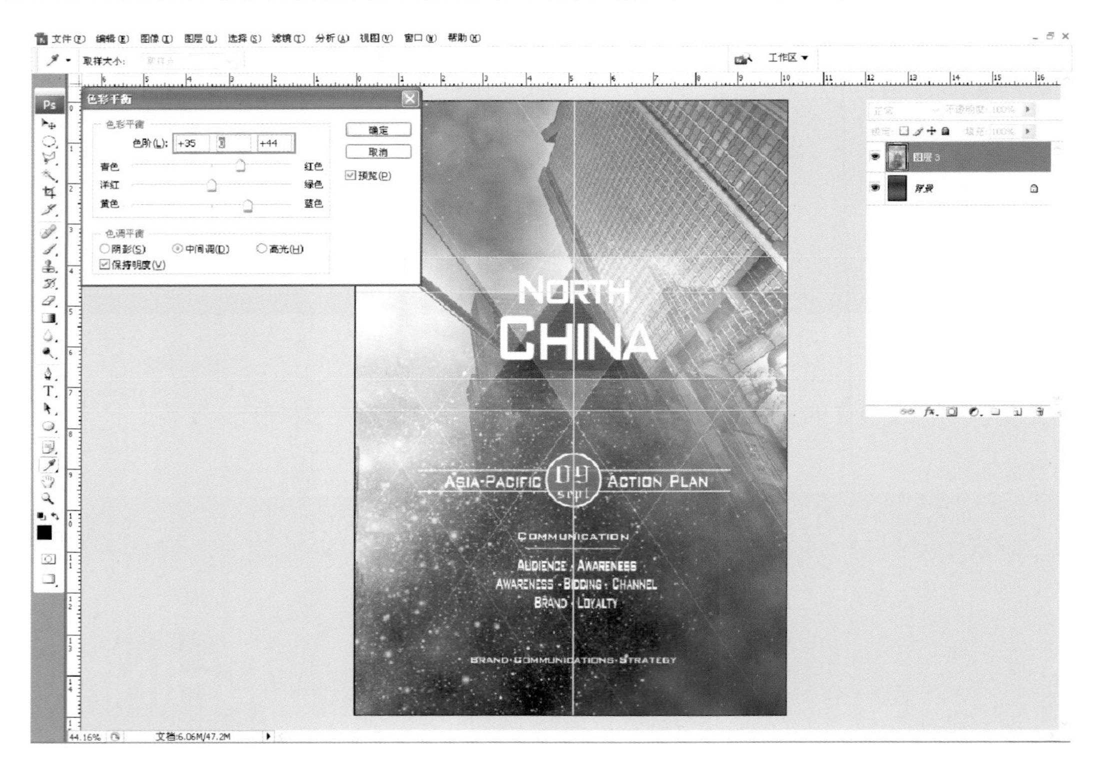

图 2-106

(6) 调整亮度/对比度,并用蒙版把过亮的地方擦掉,如图 2-107 所示。

(7) 海报效果可以根据设计者对图形的了解自行调整,最终效果如图 2-108 所示。按快捷键 Ctrl + Shift + S,在弹出的“存储为”对话框中将该图像文件命名为唯美炫彩星空海报.jpg。

文件(F) 编辑(E) 图像(I) 图层(L) 选择(S) 滤镜(T) 分析(A) 视图(V) 窗口(W) 帮助(H)
工作区
亮度/对比度
亮度(B):
+5
对比度(C):
确定
取消
预览(P)
使用旧版(L)
图层 3
背景
NORTH
CHINA
ASIA-PACIFIC
09
sept
ACTION PLAN
COMMUNICATION
AUDIENCE · AWARENESS
AWARENESS · BIDDING · CHANNEL
BRAND · LOYALTY
BRAND·COMMUNICATIONS·STRATEGY

图 2-107

NORTH
CHINA
ASIA-PACIFIC
09
sept
ACTION PLAN
COMMUNICATION
AUDIENCE · AWARENESS
AWARENESS · BIDDING · CHANNEL
BRAND · LOYALTY
BRAND·COMMUNICATIONS·STRATEGY

图 2-108

单元三

拉丝效果的唯美剪影海报设计

知识点一 剪影海报 ONE

形态明显没有影调细节的黑影像称为剪影，一般为亮背景衬托下的暗主体。剪影画面的形象表现力取决于形象动作的鲜明轮廓。剪影不利于表现细部和质感。

剪影海报相对来说比较简洁，不过需要较多的剪影素材，可以使用现成的形状或者手工把一些想要的元素转为剪影素材，如图 2-109 所示。

图 2-109

知识点二 设计场景 TWO

1. 绘制背景

(1) 新建文件，选择国际标准纸张，然后选择 A5 大小，分辨率选择 300 像素 /英寸，如图 2-110 所示。

(2) 创建合适的背景，图片的上半部分是比较亮的颜色，而下半部分则比较灰暗，这将有助于我们创建剪影效果。新建一个图层并将其命名为天空。使用矩形选框工具选择上部约三分之二的部分，如图 2-111 所示。

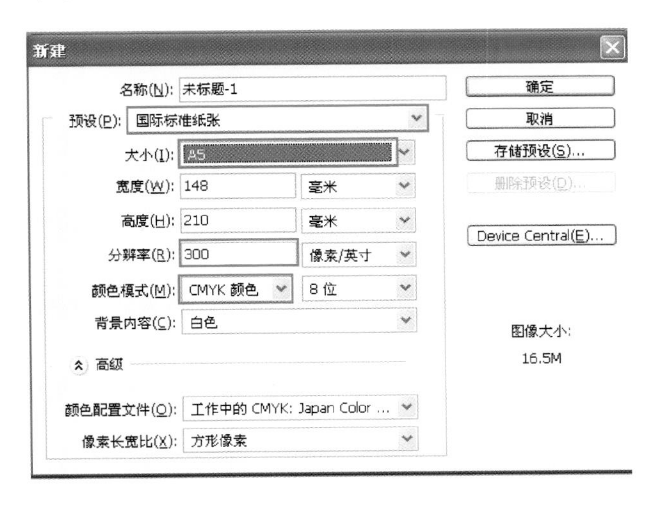

图 2-110

图 2-111

(3) 在工具栏中使用渐变工具，在选框范围内创造一种对角的渐变。设计者可以自行设置颜色。此处采用紫色、亮红色和橙色，契合“怀旧”的主题，如图 2-112 所示。

(4) 在底部制作水面或湖面的纹理，将剪影倒映在水中，按快捷键 Ctrl + Shift + I，反选选区，载入选区。创建新图层，并将它命名为地面，在工具栏中使用渐变工具，在选框范围内创建横向的灰黑渐变效果，如图 2-113 所示。

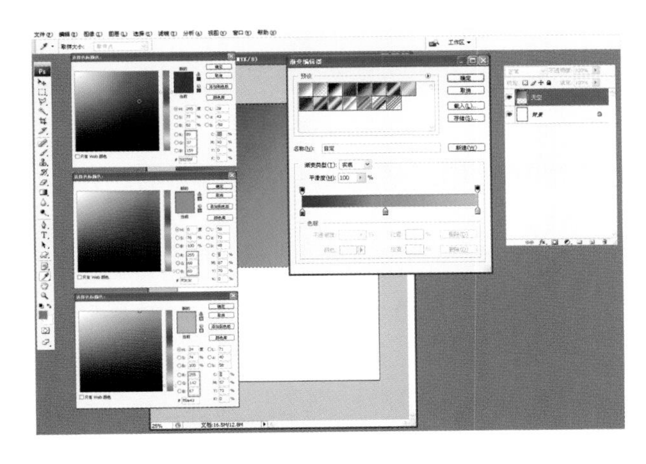

图 2-112

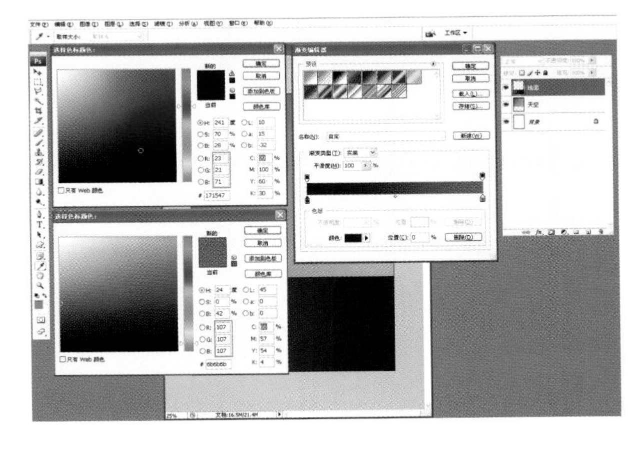

图 2-113

2. 素材设计

(1) 添加剪影轮廓，打开一张剪影图片(执行“文件”→“打开”命令，选择文件夹“项目二”中的剪影. psd 文件)，如图 2-114 所示。

(2) 移动大树剪影到画布图层中，图层命名为大树，并给大树设置颜色，按快捷键 Ctrl + T，调整大树大小，如图 2-115 所示。

(3) 移动草坪剪影到画布图层中，图层命名为草坪，并将大树设置为黑色，按快捷键 Ctrl + T，调整草坪大小，如图 2-116 所示。

图 2-114

图 2-115

（4）移动人物、座椅、自行车剪影到画布图层中，图层分别命名为人物、椅和自行车，并各自设置为黑色，按快捷键 Ctrl + T，调整大小，将它们移动到合适的位置，如图 2-117 所示。

图 2-116

图 2-117

（5）移动飞鸟剪影到画布图层中，图层命名为飞鸟，并将飞鸟设置为黑色，按快捷键 Ctrl + T，调整飞鸟大小，注意透视效果的调整，将飞鸟移动到合适的位置，如图 2-118 所示。

（6）制作水中倒影的效果，在图层面板中新建图层组，把剪影文件移入图层组，复制图层组，合并图层组中的文件，执行“编辑”→“变换”→“垂直翻转”命令，将文件调整到合适位置，不透明度调整成 30%，如图 2-119 所示。

图 2-118

图 2-119

知识点三 细节刻画、输出保存 THREE

1. 装饰设计

(1) 定义画笔，切换到剪影.psd文件，选择羽毛剪影图形，执行“编辑”→“定义画笔预设”命令，如图2-120所示，分别定义四个方向的羽毛画笔。

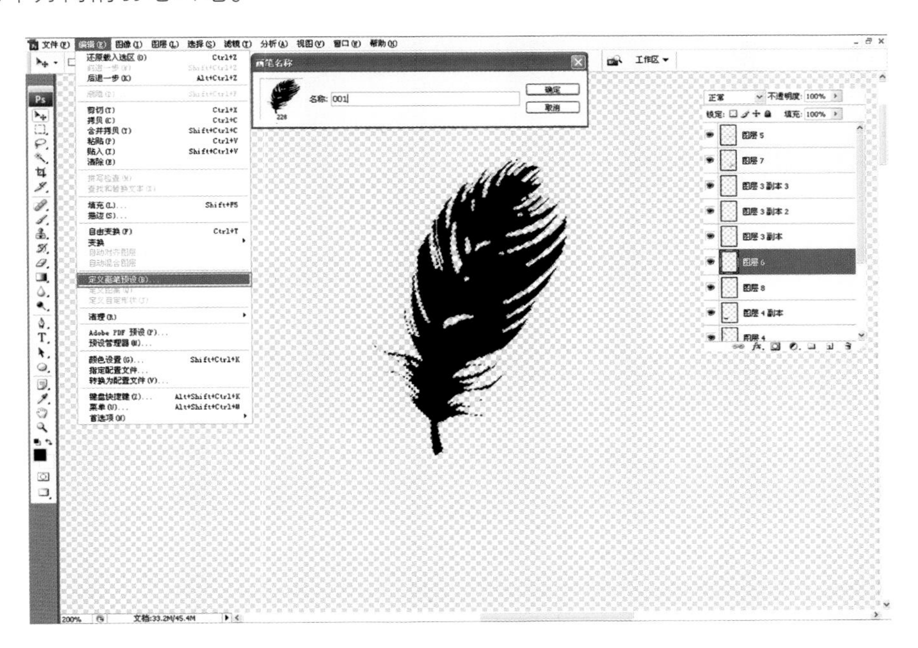

图 2-120

(2) 为海报添加边框，新建图层并把它命名为边框。在工具栏中选择 画笔工具，选择刚才定义的羽毛画笔，调整好画笔大小，沿着图片的四周画出不规则的边框，如图2-121所示。

(3) 装饰线条的设计。在工具栏中选择形状工具下的线条工具，绘制一根竖直的线条，颜色设置为白色，如图2-122所示。

图 2-121

图 2-122

（4）复制白色的装饰线条，布满整个画面，执行“编辑”→“变换”→“旋转”命令，调整装饰线条的角度，大约45°，如图2-123和图2-124所示。

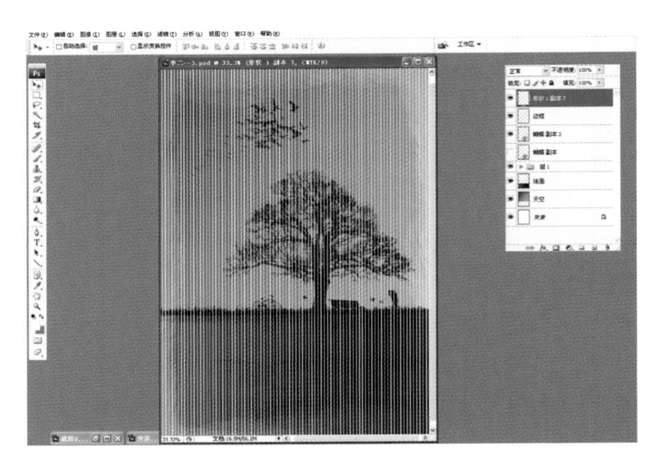

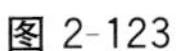
图 2-123

图 2-124

（5）给装饰线条添加蒙版效果，设计渐变效果，突出虚实感。在工具栏中选择画笔工具，在状态栏中调整好合适的大小和不透明度以及流量，把前景色和背景色设置成黑白色，用画笔工具在装饰线图层蒙版上绘制黑白渐变的效果，在绘制的时候可以根据整体效果，在状态栏中调整大小和不透明度以及流量，可以切换前景色和背景色来控制画面效果的面积大小，图层的混合模式设置为叠加，如图2-125所示。

（6）在工具栏中选择T工具，输入文字，设置合适的字体、文字大小和字间距等，如图2-126所示。

图 2-125

图 2-126

2. 输出保存

（1）选择边框图层，混合方式改为叠加，并修改不透明度为80%，如图2-127所示。

（2）海报效果可以根据设计者对图形的了解自行调整，最终效果如图2-128所示。按快捷键Ctrl＋Shift＋S，在弹出的“存储为”对话框中将该图像文件命名为唯美炫彩星空海报.jpg。

图 2-127

图 2-128

单元四

禅宗美学书籍封面设计应用

知识点一 书籍设计的发展历程 ONE

随着出版业的发展和出版市场的逐步开放，以及从事专业书籍装帧设计的团体及个人的不断涌现，书籍装帧设计已为世人所认知，并且对出版业的发展发挥着重要的作用。从书籍装帧设计的发展观来讲，若想系统地了解书籍装帧设计，我们有必要先了解一下它的发展史。

说到书籍就得说文字，文字是书籍的第一要素，书籍是文字的载体，有了文字才会有书籍，才会有书籍装帧。

在文字出现之前，人们是通过“结绳记事”的方式来记载历史的。“结绳记事”只能说是一种记事方式，不能说是一种书籍，那么真正意义上的书籍出现于什么时代呢？

中国自商代就已出现较成熟的文字——甲骨文。从甲骨文的规模和分类上看，那时已出现了书籍的萌芽。

1. 书籍装帧的萌芽

1）甲骨

在河南“殷墟”出土了大量的刻有文字的龟甲和兽骨，这就是迄今为止我国发现最早的作为文字载体的材质。所刻文字纵向成列，每列字数不一，皆随甲骨形状而定。由于甲骨文字形尚未规范化，字的笔画繁简悬殊，刻字大小不一，所以横向难以成行，甲骨文虽然与书籍形式相去甚远，确实为书籍的萌芽，所以可以算作中国书籍装帧的第一种形式。

2）玉版

据考古发现，周代已经使用玉版这种高档的材质书写或刻文字了，由于其材质名贵，用量并不是很多，多是上层社会的用品。

2. 正规书籍的出现

1）竹简、木牍

中国最早的正规书籍是竹简、木牍，产生于西周时期，在春秋、战国、秦、汉时期广泛使用。把竹子加工成统一规格的竹片，再放置火上烘烤，蒸发竹片中的水分，防止日久虫蛀和变形，然后在竹片上书写文字，这就是竹简。竹简再以革绳相连成“册”。这种装订方法，成为早期书籍装帧比较完整的形态，已经具备了现代书籍装帧的基本形式。另外还有木简的使用，方式方法同竹简。牍，则是用于书写文字的木片，与竹简不同的是木牍以片为单位，一般着字不多，多用于书信。从其所用材质和使用形式上看，在纸出现和大量使用之前，它们是主要的书写工具。书的称谓大概就是从西周的简牍开始的，今天有关书籍的名词术语，以及书写格式和制作方式，也都是承袭简牍时期形成的传统，比方说，“一册书”这一词现在还在使用。竹简、木牍的缺陷也非常明显。其一是竹木材质难以长期保存，所以现在我们已经很难看到那些古籍，就是在博物馆也难得一见完整的简策；其二是重且体积大，史书记载，有大臣向秦始皇上表，也就是5000字左右的文章，结果用去竹简500多斤，由几名壮汉吃力地将其抬到殿上。

2）帛书

帛书即以丝织品为材质的书籍，产生并流行于西汉。帛质轻，易折叠，书写方便，尺寸长短可根据文字的多少，裁成一段，卷成一束，称为“一卷”。帛书与简牍同期使用，帛贵，但使用便利，多是上层社会用品，简牍笨重但是便宜，所以多为百姓使用。

3. 造纸术和印刷术出现后的书籍装帧形式

中国的四大发明有两项对书籍装帧的发展起到了至关重要的作用，这就是造纸术和印刷术。东汉纸的发明，确定了书籍的材质。纸张具有轻便、灵活和便于装订成册等诸多优点。隋唐雕版印刷术的发明，促成了书籍的成型。印刷术替代了繁重的手工抄写方式，缩短了书籍的成书周期，大大提高了书籍的品质，书籍的数量也迅速增加，从而推动了人类文化的发展。在这种情况下，书籍的装帧形式也几经演进，先后出现过卷轴装、经折装、旋风装、蝴蝶装、包背装、线装、简装和精装等形式。

1）卷轴装

在唐代以前，纸本书的最初形式仍是沿袭帛书的卷轴装。轴通常是一根细木棒，也有的采用珍贵的材料，如象牙、紫檀、玉、珊瑚等。卷的左端卷入轴内，右端在卷外，前面装裱有一段纸或丝绸，叫做镖。镖头再系上丝带，用来缚扎。卷轴装的纸本书从东汉一直沿用到宋初。卷轴装书籍形式的应用，使文字与版式更加规范化，行列有序。与简策相比，卷轴装舒展自如，可以根据文字的多少随时裁取，更加方便，一纸写完可以加纸续写，也可把几张纸粘在一起，称为一卷。后来人们把一篇完整的文稿称作一卷。卷轴装书籍形式今天已不被采用，但在书画装裱中仍在应用。

2）经折装

经折装是在卷轴装的形式上改造而来的。随着社会的发展和人们对阅读书籍的需求的增多，卷轴装的许多弊端逐步暴露出来，已经不能适应新的需求，当只需要阅读卷轴装书籍的中后部分时也要从头打开，看完后还要再卷起，十分麻烦。经折装的出现大大方便了阅读，也便于取放。具体形式：将一幅长卷沿着文字版面的间隔中间，一反一正地折叠起来，形成长方形的一叠，在首末两页上分别粘贴硬纸板或木板。它的装帧形式与卷轴装已经有很大的区别，形状和今天的书籍非常相似。经折装形式在书画等装裱方面一直沿用到今天。

3）旋风装

旋风装是在经折装的基础上改造而来的。虽然经折装改善了卷轴装的不利因素，但是由于长期翻阅会使折口断开，书籍难以长久保存和使用。所以人们想出把写好的纸页，按照先后顺序，依次相错地粘贴在整张纸上，类似房顶贴瓦片的样子，这样翻阅每一页都很方便。但是它的外部形式跟卷轴装还是区别不大，仍需要卷起来存放。

4）蝴蝶装

蝴蝶装就是将印有文字的纸面朝里对折，再以中缝为准，把所有页码对齐，用糨糊粘贴在另一包背纸上，然后裁齐成书。蝴蝶装的书籍翻阅起来就像蝴蝶飞舞的翅膀，故称“蝴蝶装”。蝴蝶装只用糨糊粘贴，不用线，却很牢固。古人在书籍装订的选材和方法上善于学习前人经验，积极探索改进，积累了丰富的经验。

5）包背装

蝴蝶装因为文字面朝内，每翻阅两页的同时必须翻动空白页，若翻动太多终有脱落之虞。包背装则贯穿成册。因此，到了元代，包背装取代了蝴蝶装。包背装与蝴蝶装的主要区别是对折页的文字面朝外，背向相对。两页版心的折口在书口处，所有折好的书页，叠在一起，戳齐折扣，版心内侧余幅处用纸捻穿起来。用一张稍大于书页的纸贴书背，从封面包到书脊和封底，然后裁齐余边，这样一册书就装订好了。包背装的书籍除了文字页是单面印刷，且每两页书口处是相连的以外，其他特征均与今天的书籍相似。

6）线装

线装与包背装的书籍内页的装帧方法一样，线装书籍的护封，是两张纸分别贴在封面和封底上，书脊、锁线外露。锁线分为四、六、八针订法。有的珍善本需特别保护，就在书籍的书脊两角处包上绫锦，称为“包角”。线装是中国印本书籍的基本形式，也是古代书籍装帧技术发展最富代表性的阶段。线装书籍起源于唐末宋初，盛行于明清时期，流传至今的古籍善本颇多。

4. 近现代书籍装帧形式

1）简装

简装，也称“平装”，是铅字印刷以后近现代书籍普遍采用的一种装帧形式。简装书内页纸张双面印刷，大纸折页后把每个印张于书脊处戳齐，骑马锁线，装上护封后，除书籍以外三边裁齐便可成书。这种方法称为“锁线订”。由于锁线比较烦琐，成本较高，但牢固，适合较厚或重点书籍，比如词典。现在大多采用先裁齐书脊然后上胶，不锁线的方法，这种方法叫“无线胶订”，经济快捷，却不是很牢固，适合较薄或普通书籍。在20世纪二三十年代到五六十年代前后，很多书籍都是用铁丝双订的形式。另外，一些更薄的册子，内页和封面折在一起直接在书脊折口穿铁丝，称为“骑马订”。但是，铁丝容易生锈，故不宜长久保存。

2）精装

精装书籍在清代已经出现。书籍精装是西方的舶来方法。清光绪年间美华书局出版的《新约全书》就是精装书，封面镶金字，非常华丽。精装书最大的优点是护封坚固。护封起保护内页的作用，使书经久耐用。精装书的内页多采用锁线订，书脊处还要粘贴一条布条，使连接更牢固。护封用材厚重而坚硬，封面和封底分别与书籍首尾页相粘，护封书脊与书页书脊多不相粘，以便翻阅时不致总是牵动内页，比较灵活。书脊有平脊和圆脊之分。平脊多采用硬纸板做护封的里衬，形状平整。圆脊多用牛皮纸、革等较有韧性的材质做书脊的里衬，以便起弧。封面与书脊间还要压槽、起脊，以便打开封面。精装书印制精美，不易折损，便于长久使用和保存，设计要求特别，选材和工艺技术也较复杂，因此有许多值得研究的地方。

知识点二　书籍装帧设计　TWO

书籍装帧设计意在强调书籍是一个整体构成，强调内外呼应、内容与形式的统一。书籍的版式、纸张材料、印刷、装订及封面设计都拥有自己的表现力，甚至是文字的形态、大小都对整体设计产生举足轻重的作用。因此，书籍装帧设计应该得到作者、设计者以及出版界的强烈重视。书籍基本结构示意图如图 2-129 所示。

1. 书籍装帧设计内容

如何设计出内容与形式都美观，使读者赏心悦目的装帧呢？概括起来应考虑以下几个方面。

1）开本大小及形态的选择

版面的大小称为开本，开本以全张纸为计算单位，每全张纸裁切和折叠多少小张就称多少开，如图 2-130 所示。

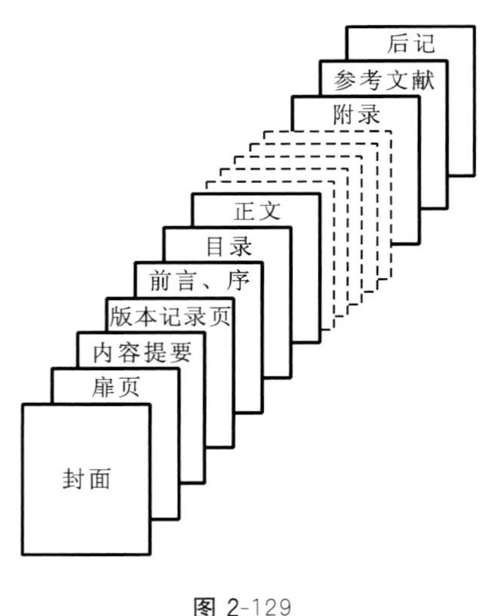

图 2-129

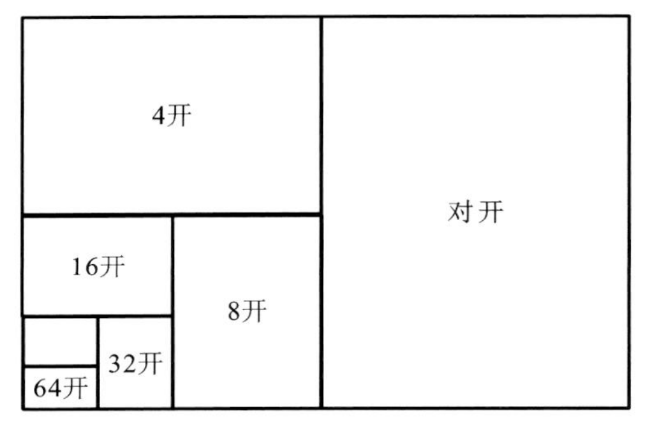

图 2-130

国内生产的纸张常见大小主要有以下几种：787 毫米 × 1092 毫米纸张尺寸是我国当前文化用纸的主要尺寸，国内现有的造纸、印刷机械绝大部分都是生产和适用此种尺寸的纸张。850 毫米 × 1168 毫米的尺寸是在 787 毫米 × 1092 毫米的基础上为适应较大开本需要生产的，这种尺寸的纸张主要用于较大开本的书籍，大 32 开的书籍就是用的这种纸张。880 毫米 × 1230 毫米的纸张印刷时的利用率较高，是国际上通用的一种规格。开本的大小和形态的选择与设计，需要根据书籍的不同情况来定，要考虑如下三个要素：①书籍的性质和内容；②书籍的阅读对象，书籍价格；③原稿篇幅。

诗集：通常用比较狭长的小开本。

理论书籍：大 32 开比较常用。

儿童读物：接近方形的开度。

小字典:42 开以下的尺寸。

科学技术书:需要较大较宽的开本。

画册:接近于正方形的比较多。

2）书籍外观部分的设计

书籍的外观设计具有宣传和保护作用,它包括封面、护封、封套、腰带、堵头布、书签或书签带、书顶(刷金或刷色)、书口(梯标或书口画)的设计。

图 2-131 所示各部分说明如下:1—书帖;2—衬页;3—纱布;4—堵头布;5—书背纸;6—书签丝带;7—硬纸板;8—包边;9—中径;10—中径纸;11—中缝、书槽;12—飘口。

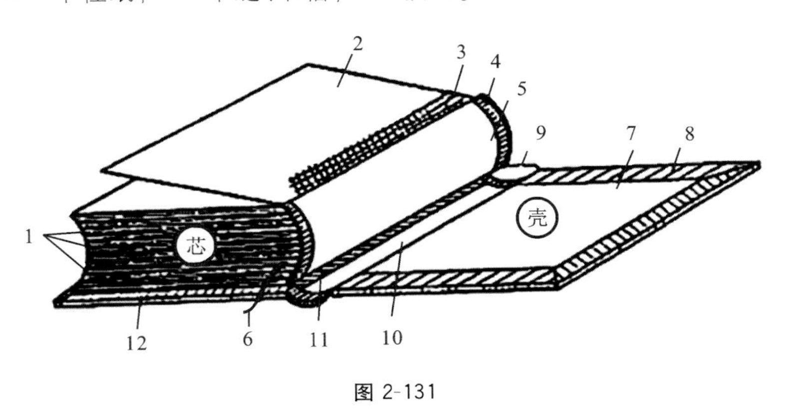

图 2-131

封面又叫书皮或封皮。

一般书的封面包括封面(封一)、封里(封二)、封底里(封三)、封底(封四)、书脊,共五个部分。封面印有书名、作者、译者姓名和出版社的名称,起着美化书刊和保护书芯的作用。图书在封底的右下方印书号和定价,期刊在封底印版权信息,或印目录及其他非正文部分的文字、图片。书脊是指连接封面和封底的部分。书脊上一般印有书名、册次(卷、集、册)、作者、译者姓名和出版社名等。

护封是包裹在精装书籍封面外层的保护面纸,也称外封面或包封。护封前后有勒口,把封面包住。护封的组成部分从它的折痕来分有前封、书脊、后封、前勒口、后勒口和大多没有印刷内容的里页。

护封有全护封和半护封两种形式。全护封的高度和封面一样,把整个封面都包住,对书籍的保护和装饰作用最强,如图 2-132 所示;半护封的高度约占封面的二分之一,只能裹住封面的腰部,故又称腰封,是为了装饰封面或补充封面表现的不足。

书籍函套(见图 2-133)的作用是保护书籍。它是书籍整体设计的一部分,在设计中应着重于材料的选择与结构的设计,需要做到:①充分发挥材料质地的表现力;②结构合理、有新意;③设计风格与书籍内容相协调。

3）书芯的图文版式编排

书芯的图文版式编排是书籍的核心部分,其中包括:版心及四周边口(天头、地脚、切口、订口)、字体、字号、字距、行距、分栏、标题、正文、文首、注释、书眉或中缝、页码等的设计;序、前言、目录或图次、跋或后记、索引、参考书目等的形式设计;图片、插图等的版式编排与构成。

版面指在书刊、报纸的一面中图文部分和空白部分的总和,即包括版心和版心周围的空白部分。

版心是位于版面中央并排有正文文字等的部分。

排在版心上部的文字及符号统称为书眉。它包括页码、文字和书眉线。一般用于检索篇章。

页码一般排于书籍切口一侧。

注文是对正文内容或对某一字词所做的解释和补充说明,有夹注、脚注、篇后注、书后注。在正文中标识注

图 2-132

图 2-133

文的号码称注码。

天头、地脚、书眉、脚注、版心、外边宽、内边宽，如图 2-134 所示。

书刊正文必须按照书刊的内容进行设计，不同性质的刊物应该有不同的特点。阅读对象不同的刊物，也要在技术上做不同的处理。杂志中不同的文章最好字体有所变化，尤其在设计版式及标题时更要注意，比较重要的文章标题要排得十分醒目。

4）零页设计

零页指起说明及烘托作用的部分，其中包括环衬、扉页、出版说明、内容提要、作者简介、题词、版权页等的设计。

5）插图的绘制

插图对文字起辅助补充作用。不同性质的书籍，对插图的要求也有所不同。例如，少年儿童读物要求有较多的插图，做到图文并茂；科学技术性的书籍更要借助于插图来说明问题。

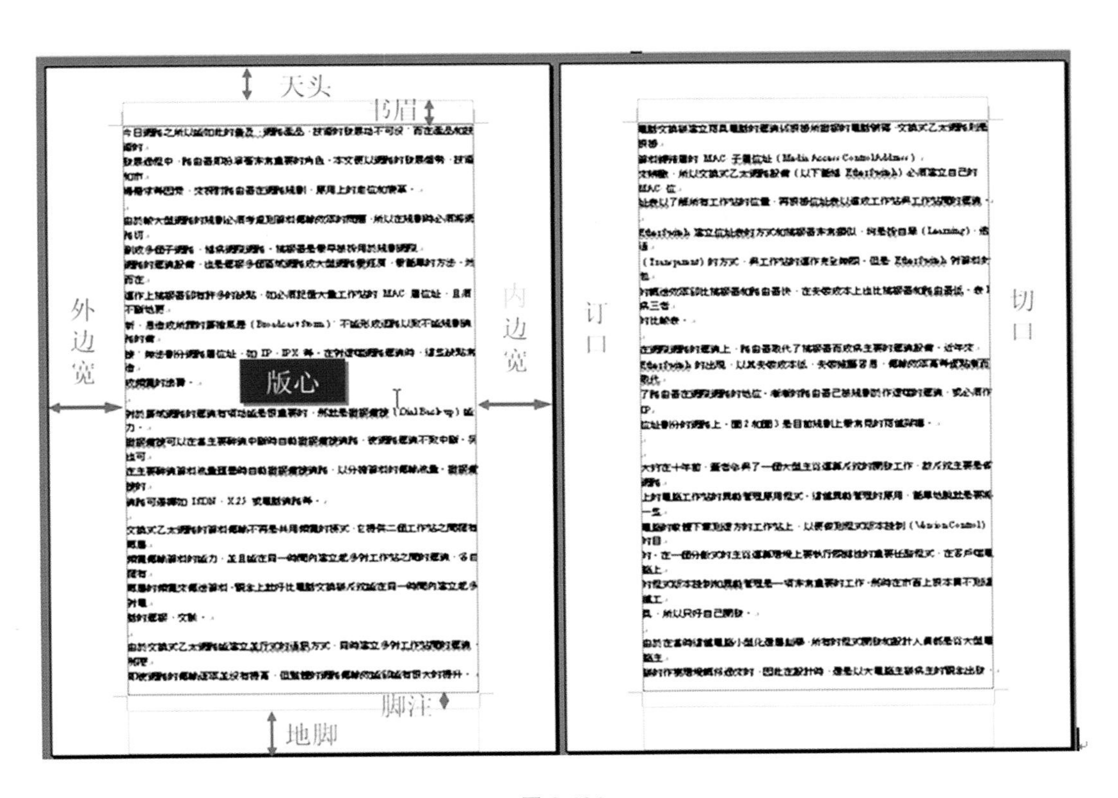

图 2-134

插图有以下几类：①文艺性的插图；②技术图解性的插图；③版式设计中的插图；④文间插图；⑤单页插图；⑥集合插图。图 2-135 所示为插图示例。

图 2-135

6）印刷工艺的选择与应用

印刷工艺主要包括排版、拼版、菲林输出、制版、印刷、印后装订等。由于书籍的形态不同，要求采用的印前、印刷和印后的方式都不一样，所以设计者必须对这些工序有一定的了解。

7）材质的选择

书籍装帧所使用的材料，不仅有纸张，还有较为广泛采用的丝织品、布料、皮革等。仅以纸张为例，其品种、颜色、肌理等，均直接影响书籍的艺术质量，并给读者以不同的视觉感受。合适的装帧材料能增强装帧设计的艺术效果，如图 2-136 所示。

2. 书籍装帧设计的定位

书籍装帧设计的定位影响着书籍整体的设计效果，设计定位是否准确到位，直接关系到书籍装帧设计是否

图 2-136

成功，根据书籍的特点，书籍装帧设计的定位需要考虑以下几个方面的因素。

1）价值定位

进行书籍装帧设计之前，首先应该确定书籍的基本价格，要充分考虑书籍内容的价值，书籍的周期性特征，书籍所针对的读者群体，以及这些读者群体的购买能力等。

确定了书籍的价格，才能在价格的范围内选择适当的印刷材料，确定相应的印刷工艺。假如定位不准确或是事先不做考虑就随意进行设计，那么在设计完成之后就可能会使书籍价格超出消费群体的购买能力，这样势必影响书籍的销售。

2）读者定位

如何通过设计来满足读者的需求，是设计者的工作。有的书籍读者对象非常明确，如儿童读物、学术专著等，有的书籍则需要仔细分析才能把握其读者对象。

3）设计风格定位

设计风格定位是指为书籍选定一种最适合的设计风格或表现形式。书籍装帧设计的风格多种多样，在进行书籍装帧设计前，首先需要根据不同种类的书籍特点以及读者的文化程度、群体个性等，确定书籍装帧设计的整体风格，包括设计细节。

①文学类：如诗歌、散文等，清新秀丽，温文尔雅。②小说类：曲折迷离，跌宕起伏。③少儿类：活泼可爱，趣味盎然。④历史类：古朴庄重，沉厚深邃。

但是需要注意：设计也绝不是简单的对号入座，在正确定位基础上的突破和创新才是最重要的。

3. 书籍装帧设计的准备

1）阅读书稿，了解目标受众

每种书籍都有自己特有的读者群体，书籍的内容和它的读者群体又决定了书籍装帧设计的风格。仔细阅读书稿，潜心研究读者群体，是设计者在进行书籍装帧设计之前最重要的准备。进行仔细的阅读和分析，一方面可以把握书籍的主题思想、编写风格、文化背景，另一方面，只有进入书籍，用心体会书籍，才能做到真正了解书籍的精神。

2）深入市场，体会优胜劣汰

设计者需要了解市场，既要了解普通的商品市场，又要了解文化市场。通过对书籍市场的观察和分析，了解市场所需求的重点、当前的设计潮流、市场中同类书籍的价格定位、此书的特点和优势，借助这些市场信息，激发设计灵感，对设计方向进行正确的判断。

3）查阅资料，激发创作灵感

最常见的准备方式：查阅书籍相关资料和翻看各种成功案例。分析资料，吸取成功的设计经验，是非常有必要的。书籍是文化的载体，书籍装帧设计需要有文化的内涵，除了平时的文化积累，对相关资料的借鉴，还应该注重民族文化传统的继承与发扬。设计者应该学会从各个方面寻找灵感和创作激情，只有将各类知识融会贯通，才有利于创作出适宜而又新颖独特的书籍装帧设计。

4）充分沟通，促成设计成功

书籍装帧设计的客户有两个，一个是书籍的作者，一个是书籍的出版单位编辑，两个客户可能会同时对书籍装帧设计提出要求和希望，在这种情况下，设计者和客户的良好沟通也是设计成功的重要条件。

书籍的受众广泛，作者对书籍的熟悉以及出版单位编辑对市场的了解，决定了他们对书籍装帧设计提出的意见有特别重要的价值。设计者要仔细聆听，需要有足够的耐心，仔细分析这些意见和建议，并结合自己的专业知识和技能，大胆提出自己的想法，把握好设计方向，避免造成设计的混乱。

知识点三　书籍的装订形式　THREE

装订包括把印好的书页按先后顺序整理、连接等加工程序。装订书本的形式可分为中式和西式两大类。

中式类以线装为主要形式，其发展过程大致为简策装、缣帛书装、卷轴装、旋风装、经折装、蝴蝶装、包背装、线装。

现代书刊除少数仿古书外，绝大多数都是采用西式装订。西式装订可分为平装和精装两大类。

1. 平装书的装订形式

平装书的结构基本沿用并保留了传统书的主要特征，被认为由传统的包背装演变而来，只是纸页发展成为两面印刷的单张，采用多种装订形式。包背装演变成平装，一是受西方书籍装订之影响，同时它是书页的单面印刷转变到双面印刷的必然产物。平装是我国书籍出版中普遍采用的一种装订形式。它的装订方法比较简易，成本比较低廉，一般适用于页数少、印数较多的书籍。平装书的订合形式常见的有骑马订、平订、锁线订、无线胶订、活页订等等。

1）平订

平订（见图 2-137）即将印好的书页经折页、配贴成册后，在订口用铁丝订牢，再包上封面的装订方法。平订用于一般书籍的装订。

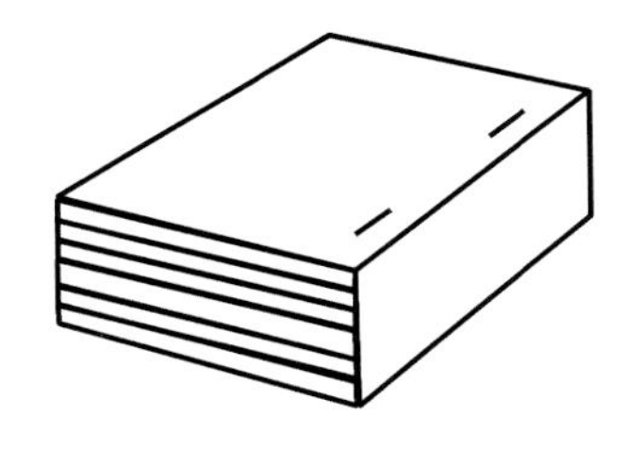
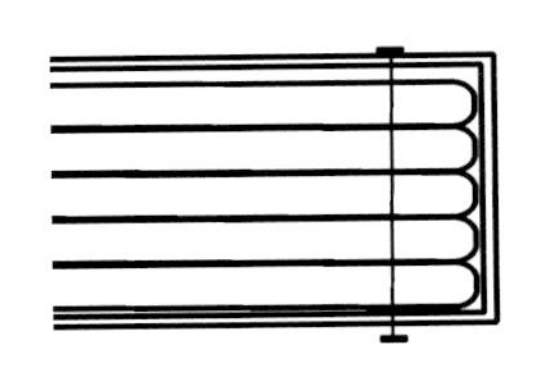

图 2-137

优点：装订方法简单，双数和单数的书页都可以订。

缺点：书页翻开时不能摊平，使阅读不方便，订眼要占用 5 mm 左右的有效版面空间。

平订不宜用于厚本书籍，而且时间长了铁丝容易生锈、折断，影响美观，导致书页脱落等。

2）骑马订

骑马订是将印好的书页连同封面，在折页的中间用铁丝订牢的方法，适用于页数不多的杂志和小册子，是书籍订合中简单、方便的一种形式，如图 2-138 所示。

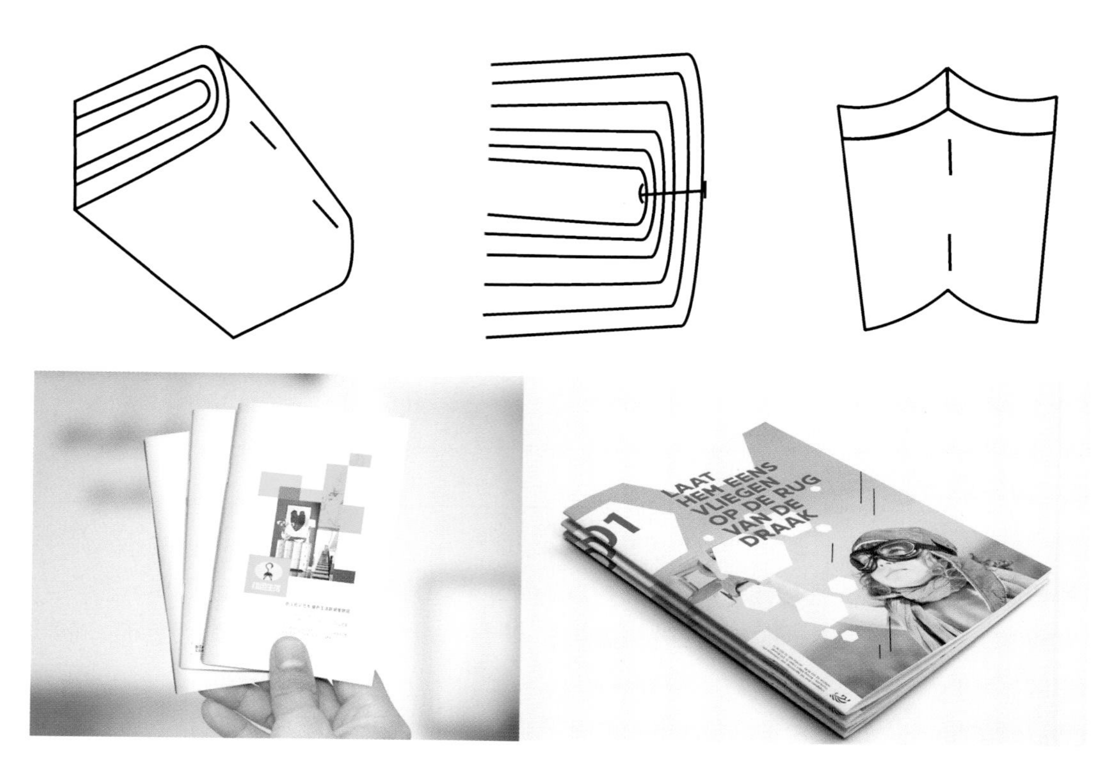

图 2-138

优点：装订简便，加工速度快，订合处不占有效版面空间，书页翻开时能摊平。

缺点：书籍牢固度较低，且不能订合页数较多的书，且书页必须要配对成双数才行。

3）锁线订（胶背订）

锁线订（胶背订）是指不用纤维线或铁丝订合书页，而用胶水黏合书页的订合形式。与传统的包背装非常相似，如图 2-139 所示。

优点：装订方法简单，书页也能摊平，外观坚挺，翻阅方便，成本较低。

缺点：牢固度稍低，时间长了乳胶会老化，引起书页散落。

4）无线胶订

无线胶订即将折页、配贴成册后的书芯按前后顺序，用线紧密地将各书帖串起来，然后再包以封面，如图 2-140 所示。

优点：既牢固又易摊平，适用于较厚的书籍或精装书。与平订相比，书的外形无订迹，且书页无论多少都能在翻开时摊平，是理想的装订形式。

缺点：成本偏高，且书页也须成双数才能对折订线。

5）活页订

在书的订口处打孔，再用弹簧金属圈或螺纹圈等穿锁扣的一种订合形式。单页之间不相连，适用于需要经常抽出来、补充进去或更换使用的出版物。活页订新颖美观，常用于产品样本、目录、相册等，如图 2-141 所示。

优点：可随时打开书籍锁扣，调换书页，阅读内容可随时变换。

常见形式：穿孔结带活页装、螺旋活页装、梳齿活页装。

平装书的订合形式还有很多，如塑线烫订、三眼订等。

2. 精装书的装订形式

精装（见图 2-142）是书籍出版中比较讲究的一种装订形式。精装书比平装书用料更讲究，装订更结实。精

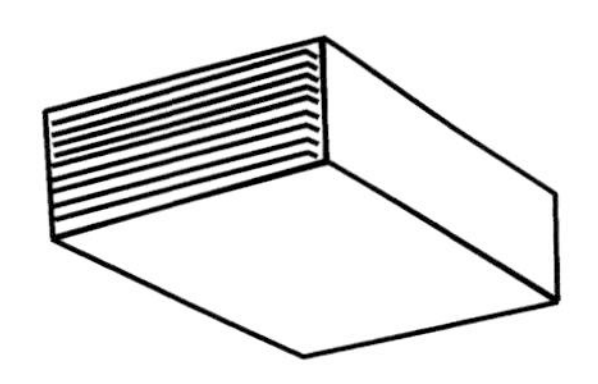
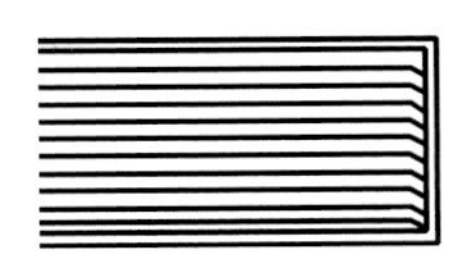
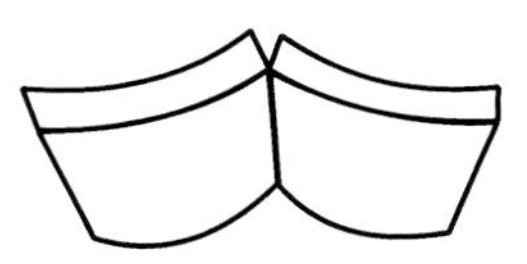

图 2-139

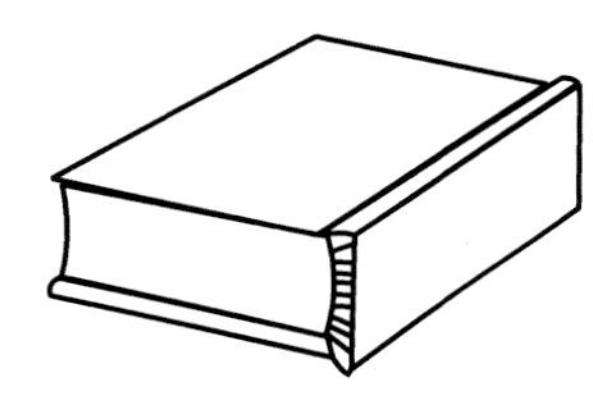
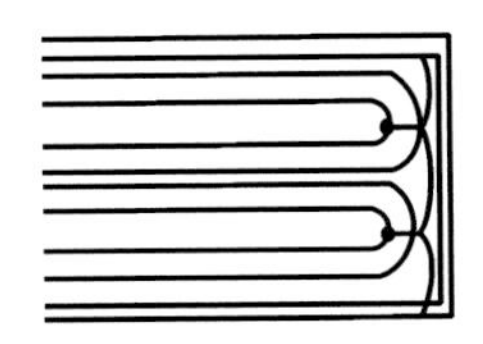

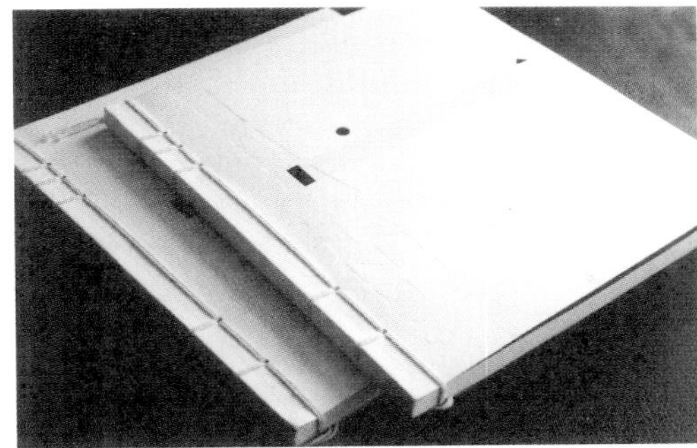

图 2-140

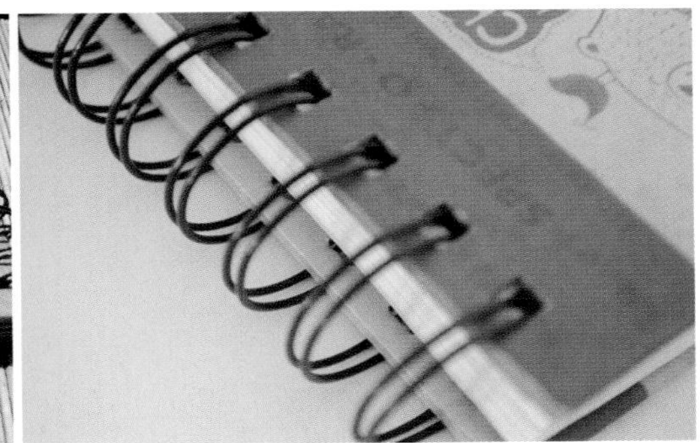

图 2-141

装特别适合于质量要求较高、页数较多，常被反复阅读，且具有长时期保存价值的书籍，主要应用于经典著作、专著、工具书、画册等。其结构与平装书的主要区别是硬质的封面或外层加护封，有的甚至还要加函套。

图 2-142

1）精装书的封面

精装书的封面，可运用不同的材料、印刷方法、制作方法，形成不同的格调和达到不同的效果。精装书的封面材料很多，除纸张外，还有各种纺织物、皮革等。

①硬封面：把纸张、织物等材料裱糊在硬纸板上制成，适宜于作常放在桌上阅读的大型和中型开本的书籍的封面。

②软封面：用有韧性的牛皮纸、白板纸或薄纸板代替硬纸板，轻柔的封面使人有舒适感，适宜于作便于携带的中型本和袖珍本（例如字典、工具书和文艺书籍等）的封面。

2）精装书的书脊

①圆脊是精装书常见的形式，其脊面呈月牙状，一般用牛皮纸或白板纸做书脊的里衬，有柔软、饱满和典雅的感觉，尤其薄本书采用圆脊能增加厚度感。

②平脊是用硬纸板做书籍的里衬，封面也大多为硬封面，整本书的形状平整、朴实、挺拔，有现代感，但厚本书（超过 25 mm）在使用一段时间后书口部分有隆起的危险，有损美观，如图 2-143 所示。

图 2-143

精装书的订合形式也有活页订、铆钉订合、绳结订合、风琴折式、法式折式等。

3）精装书的专属名词

①飘口：封面均匀地大于书芯 2 mm，即冒边或叫做飘口，便于保护书芯，也增加了书籍的美感。

②堵头布（脊头布、顶带）：一种有厚边的扁带，粘贴在书芯订口外边的顶部和脚部，用于装饰书籍和加固书页间的连接。

③丝带：粘贴在书脊的顶部，起着书签的作用。

注意：堵头布和丝带的颜色，设计时要和封面及书芯的色调和谐。

知识点四　利用文字编排和图形结合的禅宗美学书籍封面设计　FOUR

封面设计在一本书的整体设计中具有举足轻重的地位。封面是一本书的脸面，是一位不说话的推销员。好的封面设计能招徕读者，使其对书籍一见钟情。封面设计的优劣对书籍的社会形象有着非常重大的意义。封面设计一般包括书名、编著者名、出版社名等文字，以及体现书的内容、性质、体裁的装饰形象、色彩和构图，如图 2-144 所示。

图 2-144

本项目介绍一个带有勒口效果的，利用素材制作的封面。在制作过程中需要把素材整合到一起，体现其整体性、完整性、美观性和实用性。

1. 场景设置

（1）执行“文件”→“新建”命令，创建一空白画布，或者按快捷键 Ctrl＋N 新建一个文件，并设置参数。在设置尺寸时应该考虑出血尺寸的控制，一般每边留 3 mm。分辨率一般应设为 300 像素/英寸。在这里只是做练习，故分辨率设置成 150 像素/英寸，如图 2-145 所示。

（2）按快捷键 Ctrl＋R 以显示标尺，按照图 2-146 所示的提示内容在画布中添加参考线以划分封面中的各个区域。

2. 素材设计

（1）打开纹理图片素材。执行“文件”→“打开”命令，选择“项目二”中的佛塔. jpg 图片文件，用魔棒工具选取图片中黑色线描部分，执行“选择”→“选择相似”命令，把黑色线描全部选中，如图 2-147 所示。

图 2-145

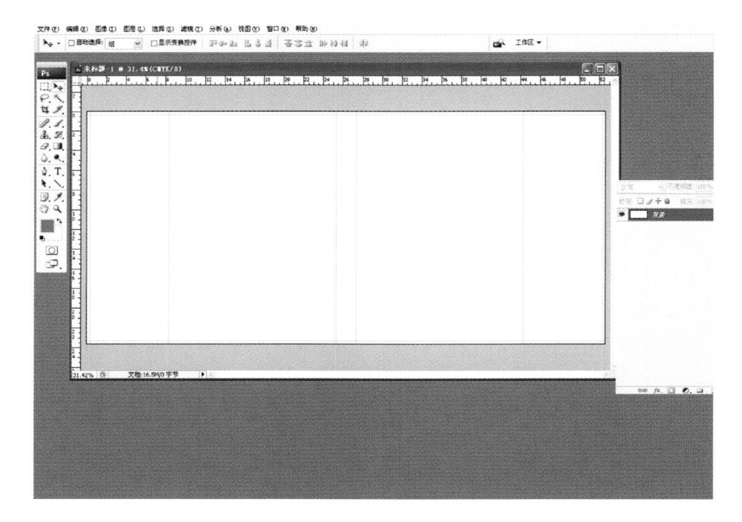

图 2-146

图 2-147

(2) 使用移动工具将其移至当前文件中，放置在封面右侧，按快捷键 Ctrl+T，调整图片大小，上下顶格，图片右侧位置略微移过封面右侧参考线一点，如图 2-148 所示。

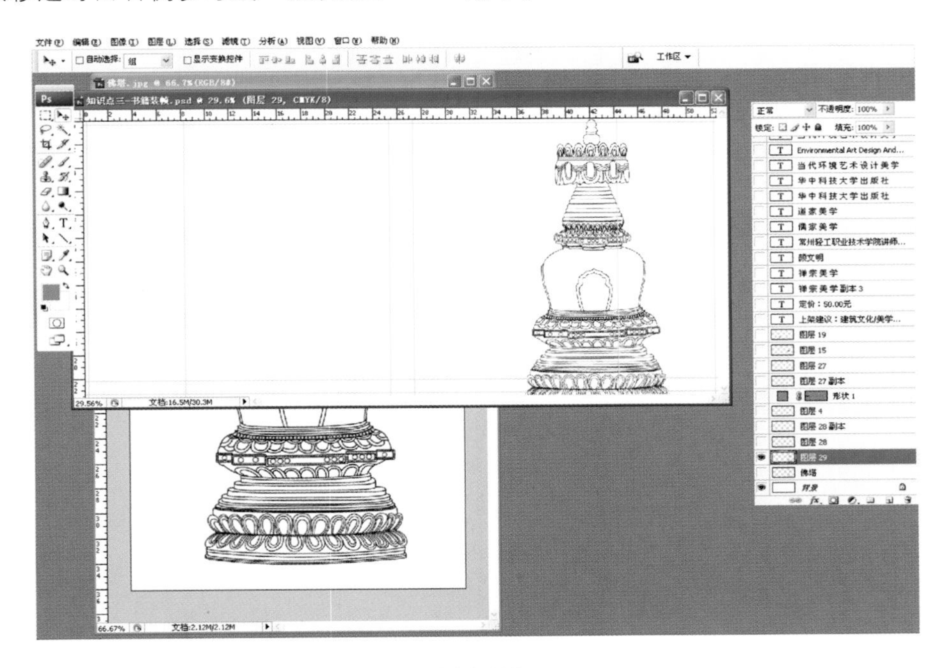

图 2-148

(3) 填充颜色为 60%灰度，把超过封面右侧参考线的部分图像删除(要求从参考线外几毫米处开始删除)，如图 2-149 所示。

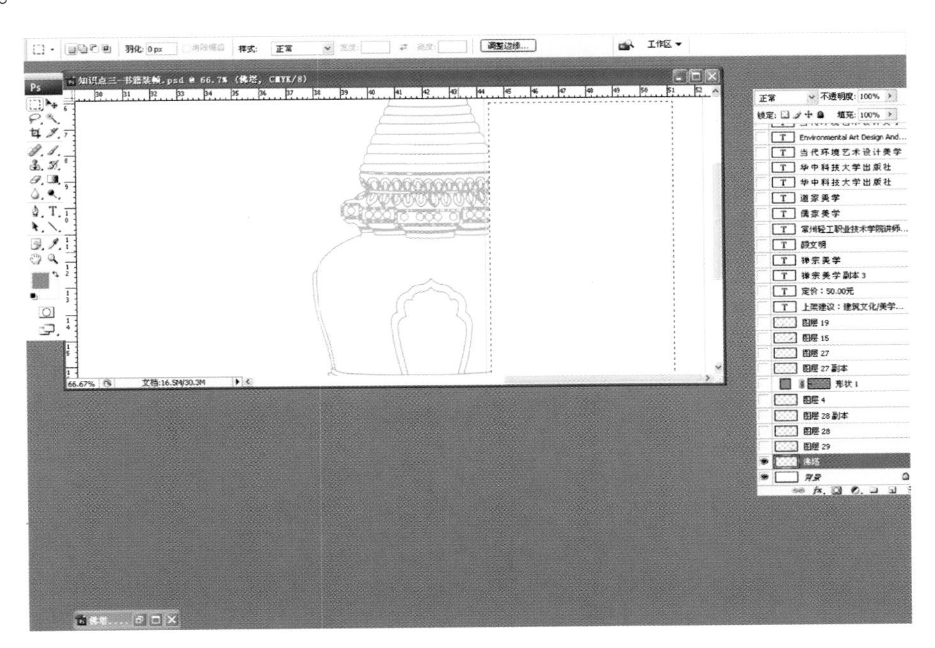

图 2-149

(4) 打开图片素材。执行“文件”→“打开”命令，选择“项目二”中的室内静物.jpg 图片文件，使用移动工具将其移至当前文件中，放置在封面右侧，按快捷键 Ctrl+T，调整图片大小，图片右侧略微移过封面右侧参考线一点，如图 2-150 所示。

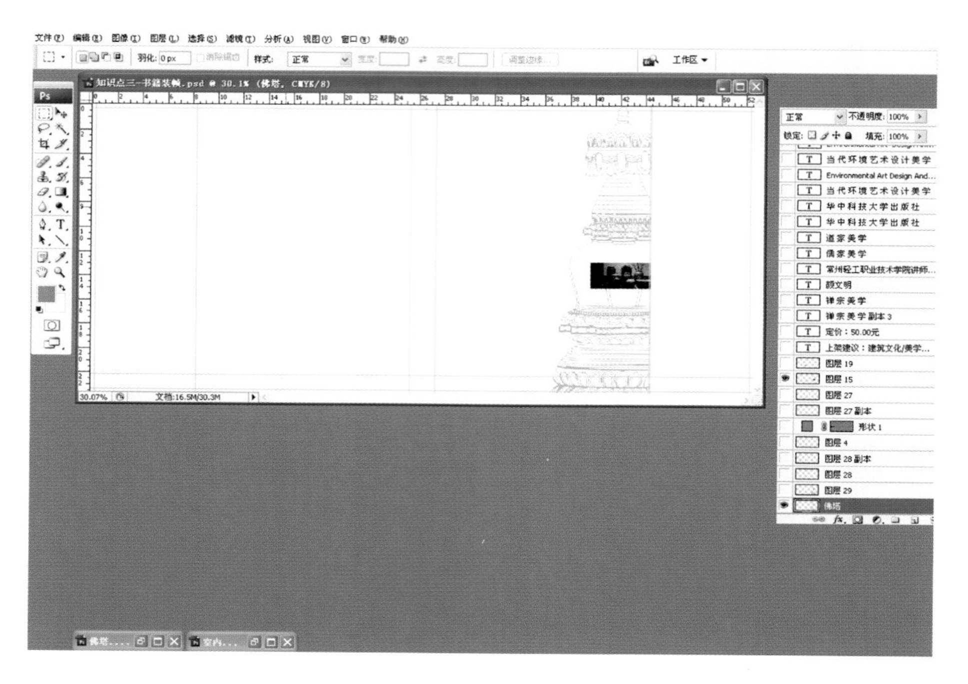

图 2-150

(5) 打开图片素材。执行“文件”→“打开”命令，选择“项目二”中的云.jpg 图片文件，用魔棒工具选取图片白色背景部分，执行“选择”→“反向”命令，把黑色的云图案选中，使用移动工具将其移至当前文件中，按快捷键 Ctrl + T，调整图片大小，放置在封面中心偏上的位置，如图 2-151 所示。

图 2-151

(6) 按住 Ctrl 键的同时在云图层上点击，使该图层的图形成为选区，选用渐变工具，在选框范围内创造线性渐变。设计者可以使用自己想要的颜色。此处采用橙色到白色的线性渐变，如图 2-152 所示。

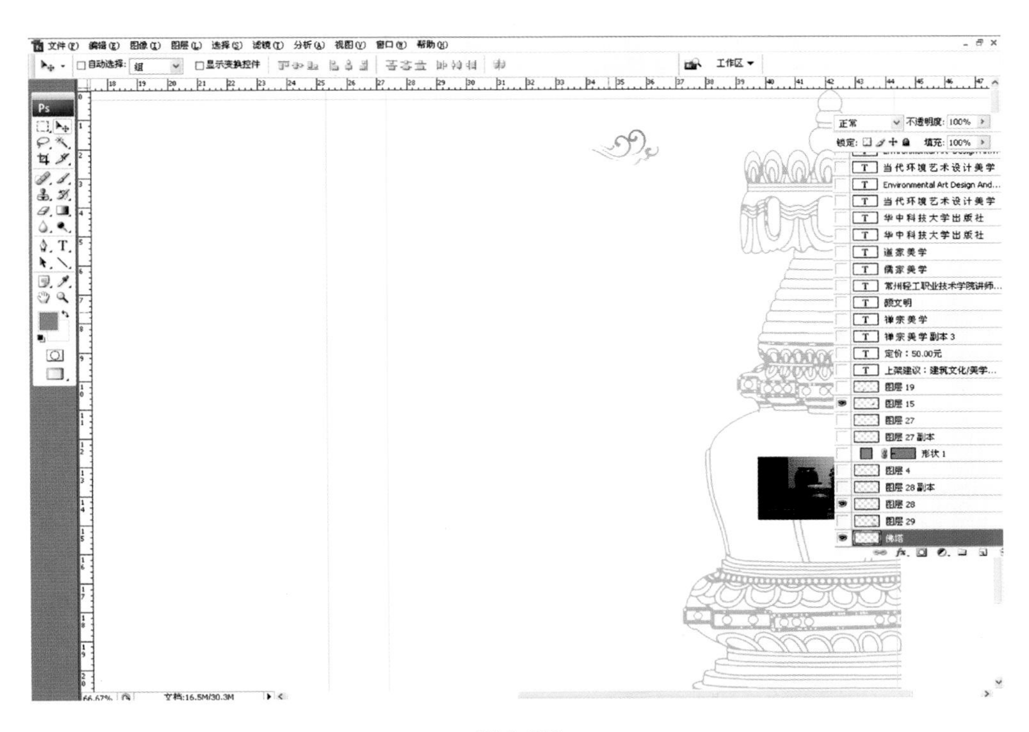

图 2-152

(7) 在工具栏中选择移动工具，选择云图形，同时按住 Alt 键，进行移动复制，把复制的图形放置在书籍的脊背位置，按快捷键 Ctrl + T，调整图片，使它略小于封面上的云图形，如图 2-153 所示。

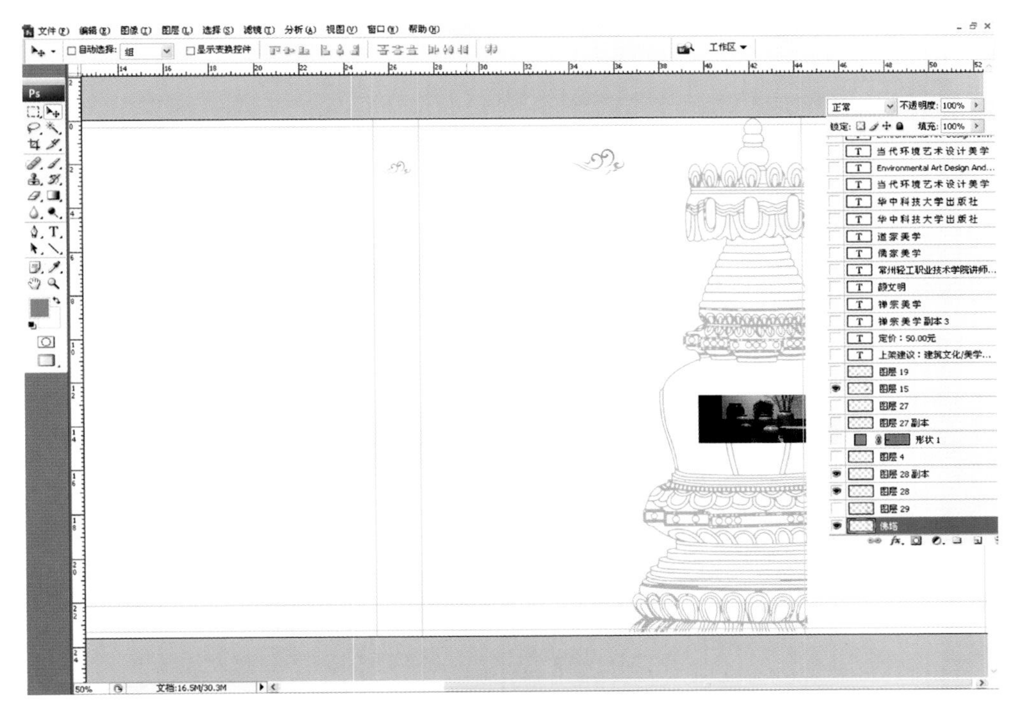

图 2-153

(8) 打开图片素材。执行“文件”→“打开”命令，选择“项目二”中的线框.psd 文件，使用移动工具将其移至当前文件中，放置在封面和封底位置，如图 2-154 所示。

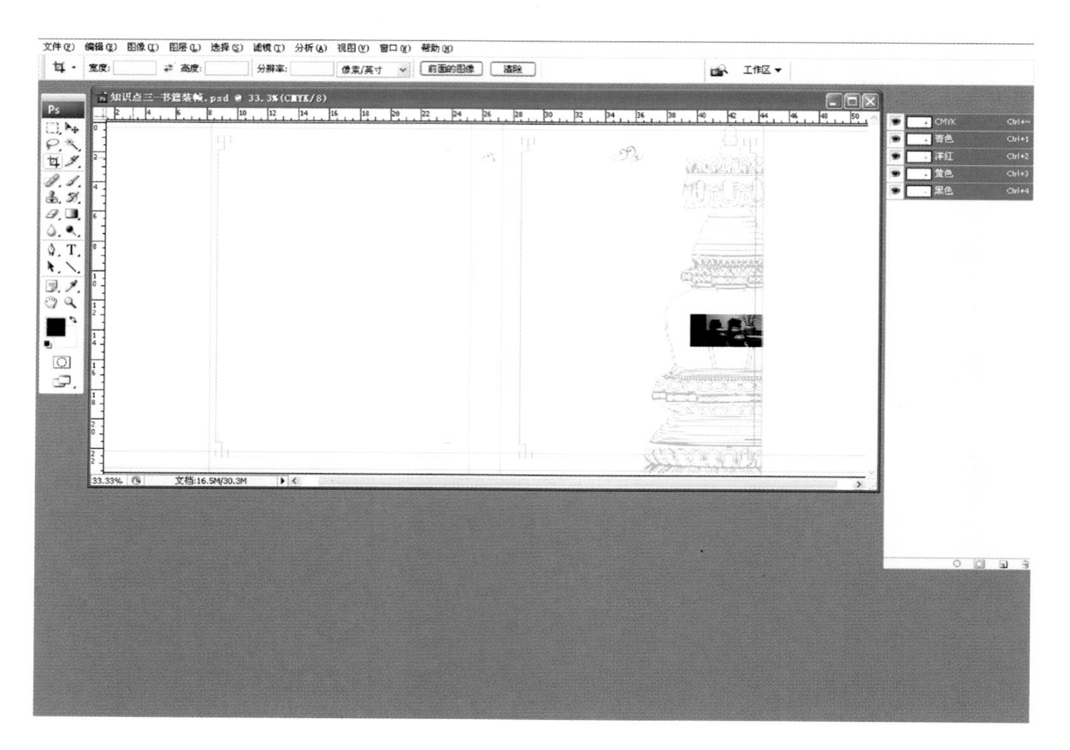

图 2-154

(9) 打开图片素材。执行"文件"→"打开"命令，选择"项目二"中的装饰鱼.eps 文件，在弹出的对话框中将分辨率调整为 150 像素/英寸，如图 2-155 所示。

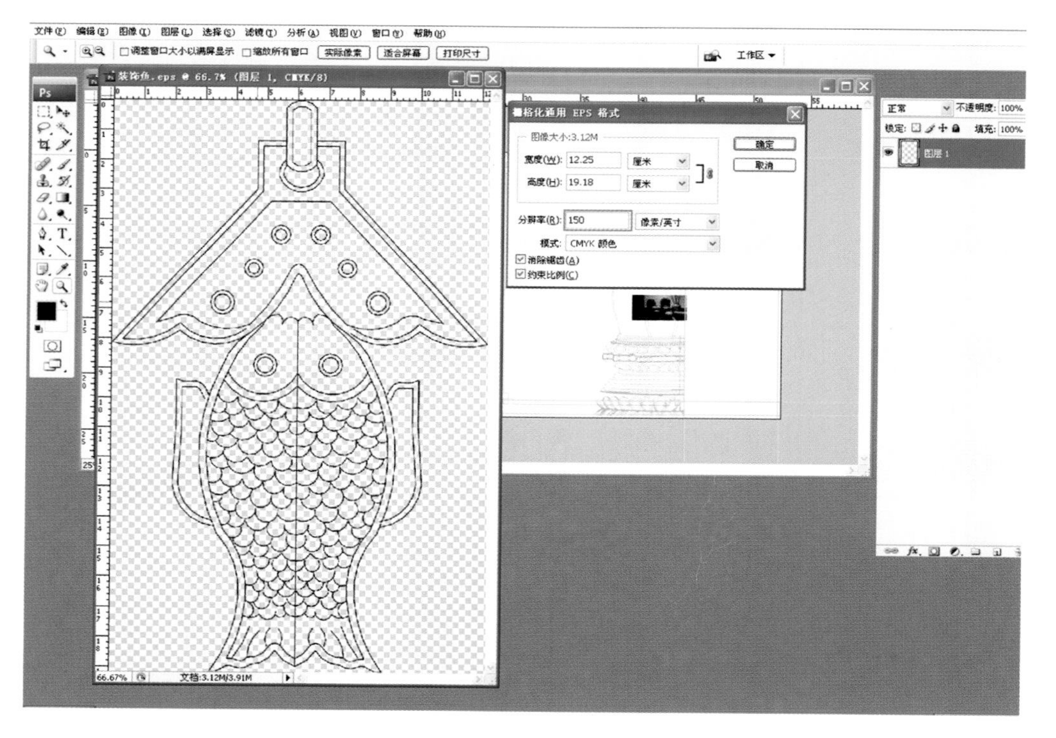

图 2-155

(10) 使用移动工具将其移至当前文件中，按快捷键 Ctrl + T，调整图片，放置在封底，如图 2-156 所示。

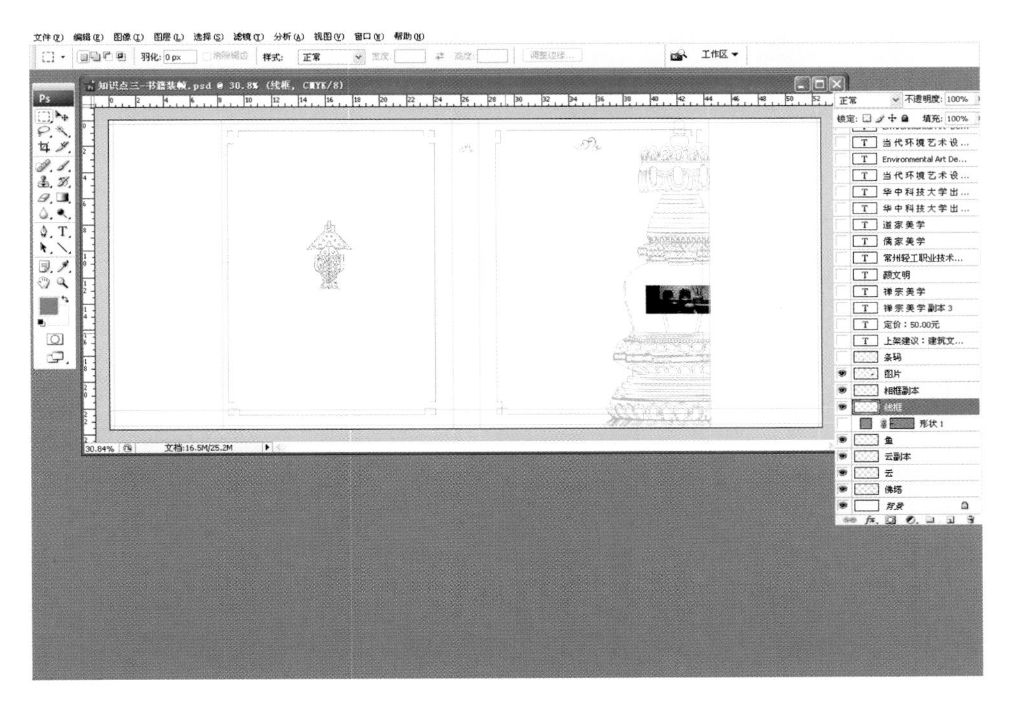

图 2-156

(11) 打开图片素材。执行“文件”→“打开”命令，选择“项目二”中的条形码.jpg 文件，使用移动工具将其移至当前文件中，按快捷键 Ctrl+T，调整图片，放置在封底，如图 2-157 所示。

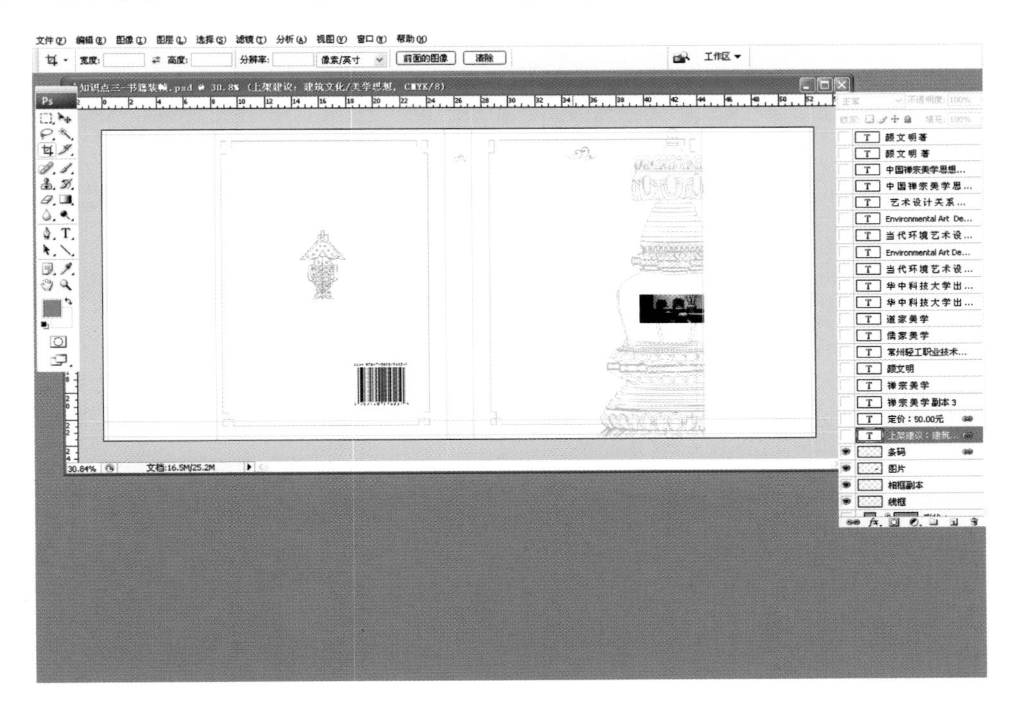

图 2-157

3. 文字设计

(1) 在工具栏中选择 T 直排文字输入工具，输入书名，打开字符编辑面板，在面板中调整参数，如图 2-158 所示。

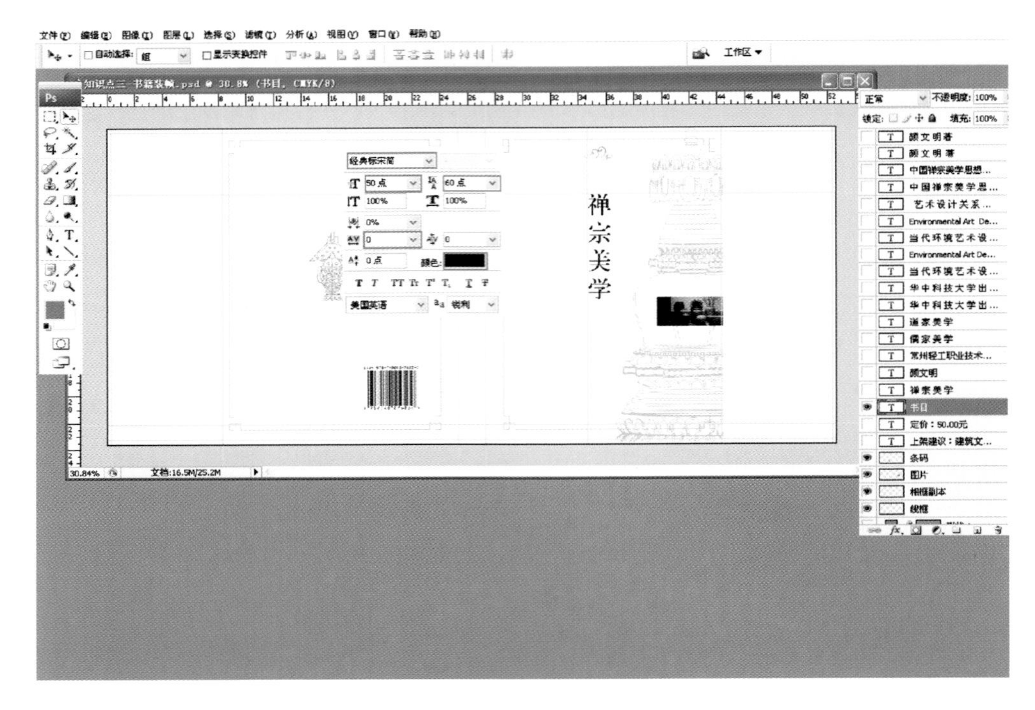

图 2-158

（2）在工具栏中选择 IT 直排文字输入工具，输入书名右侧的副标题，打开字符编辑面板，在面板中调整参数，如图 2-159 所示。

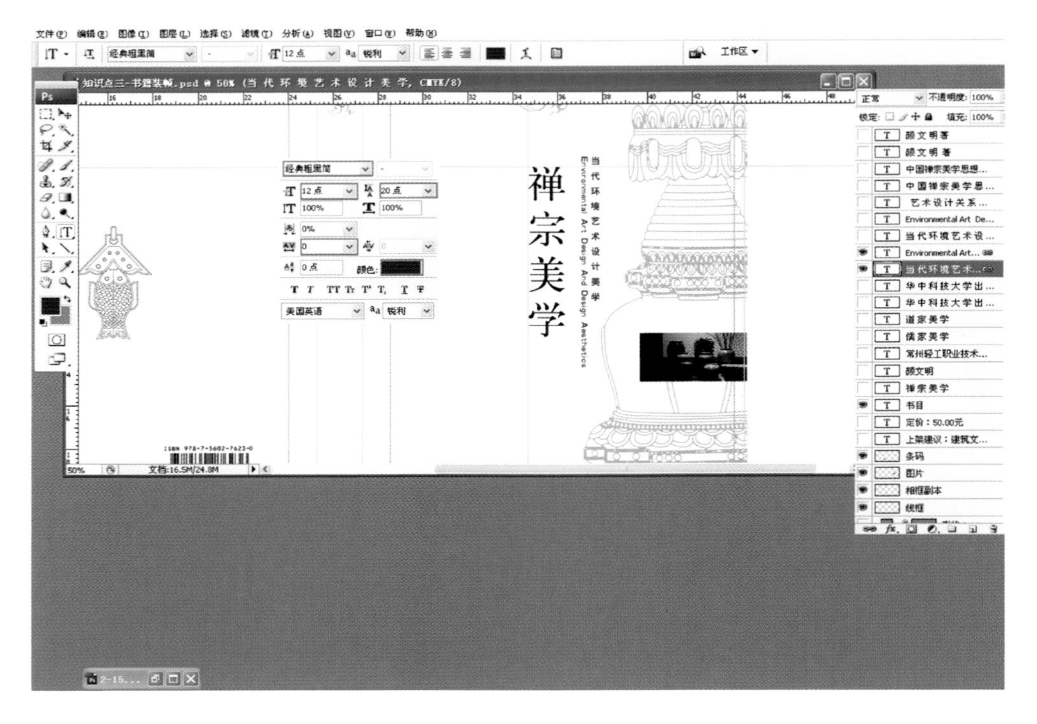

图 2-159

（3）在工具栏中选择 IT 直排文字输入工具，输入封面右侧的系列名等，打开字符编辑面板，在面板中调整参数，如图 2-160 所示。

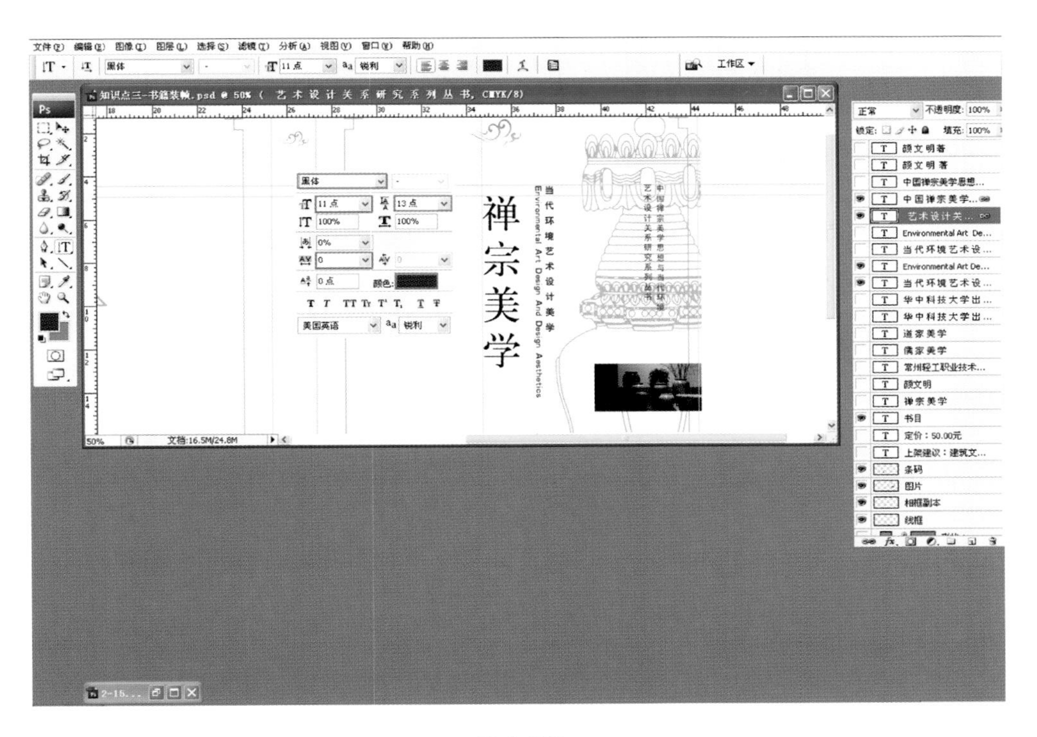

图 2-160

(4) 在工具栏中选择[IT]直排文字输入工具，输入作者名字，打开字符编辑面板，在面板中调整参数，如图2-161所示。

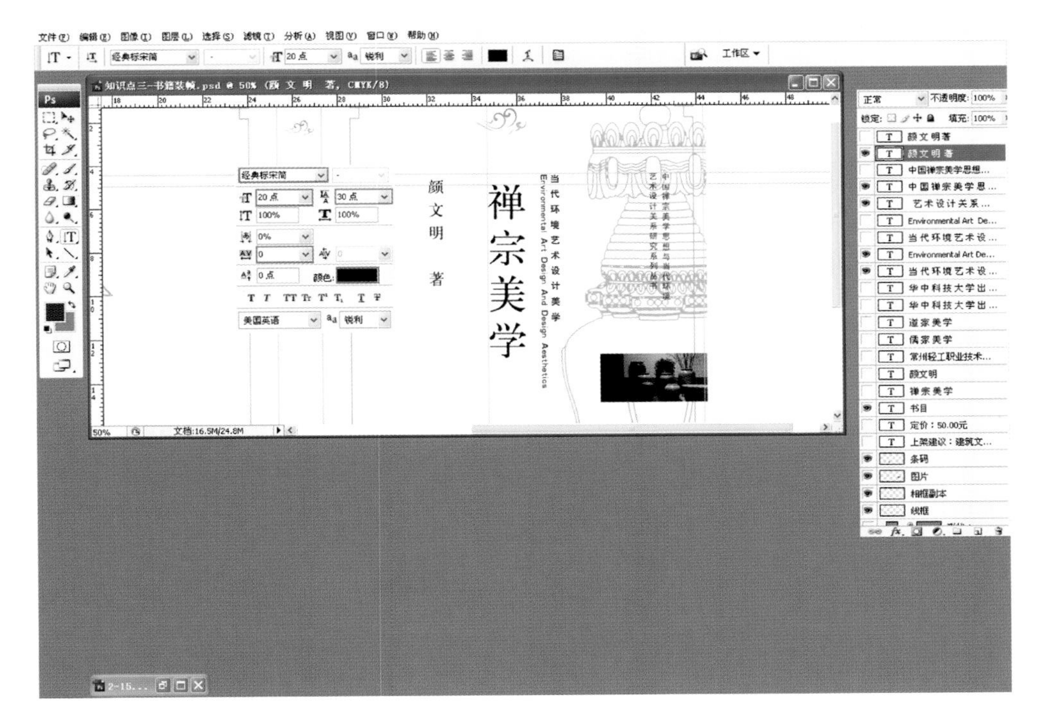

图 2-161

(5) 在工具栏中选择[IT]直排文字输入工具，输入出版社名称，打开字符编辑面板，在面板中调整参数，如图2-162所示。

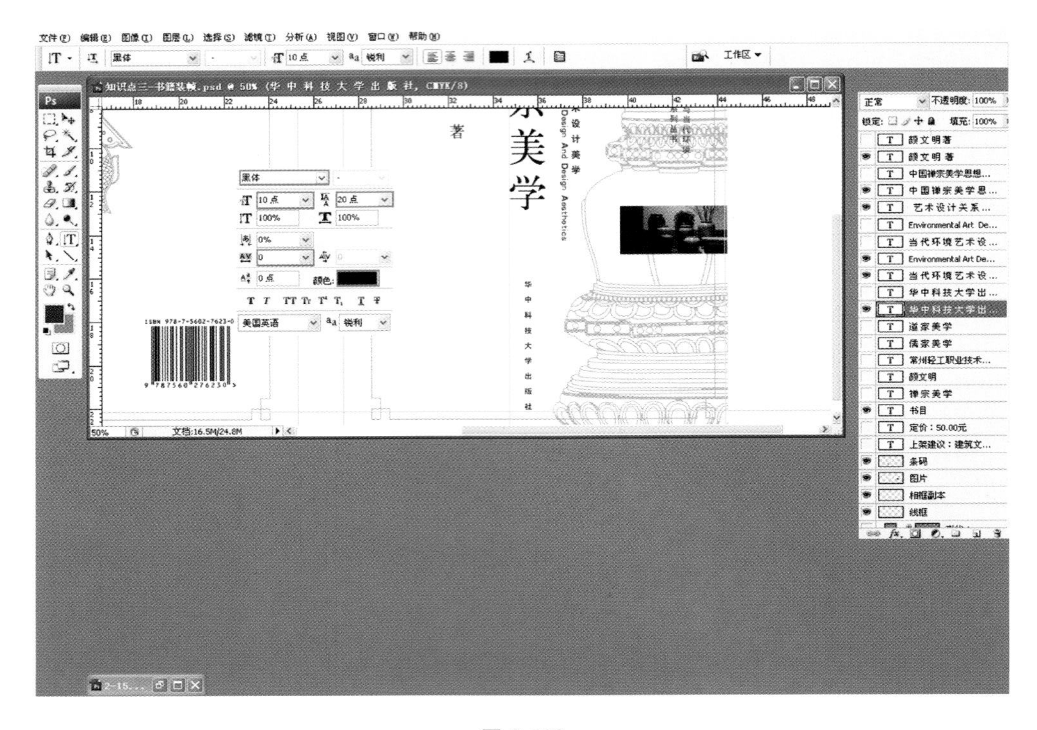

图 2-162

(6) 在工具栏中选择 IT 直排文字输入工具，输入书籍脊背部分内容，从上到下依次是作者姓名、书名、书籍副标题、出版社名称，打开字符编辑面板，在面板中调整参数，如图 2-163 所示。

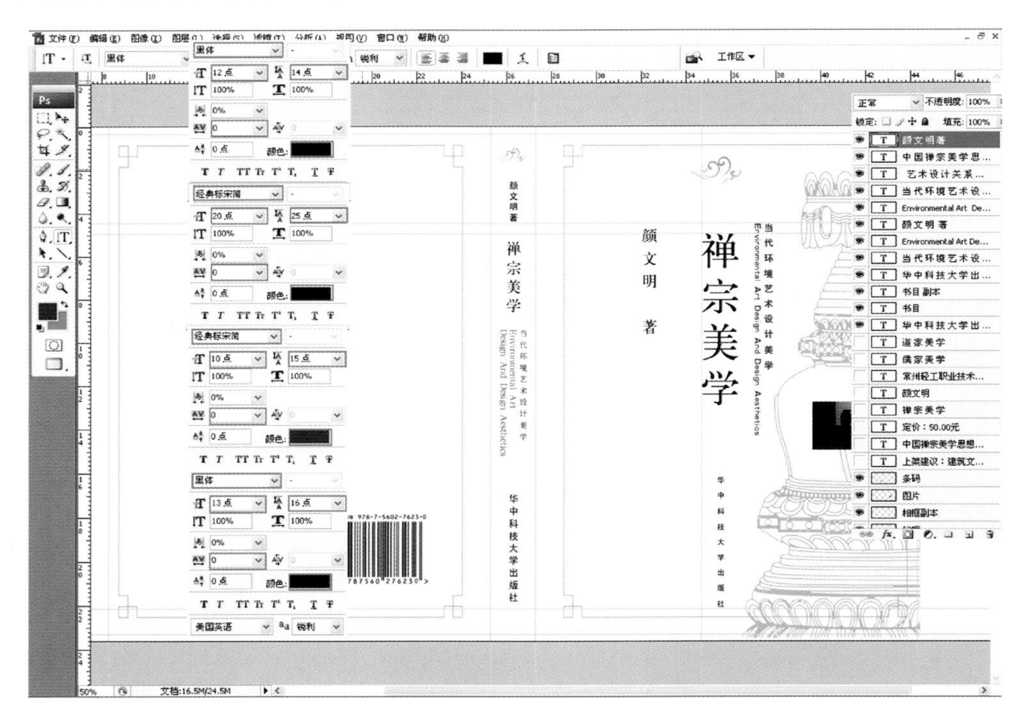

图 2-163

(7) 在工具栏中选择 T 横排文字输入工具，输入封底文字内容，主要是条形码上方的上架建议和条形码下方的书籍的定价。打开字符编辑面板，在面板中调整参数，如图 2-164 所示。

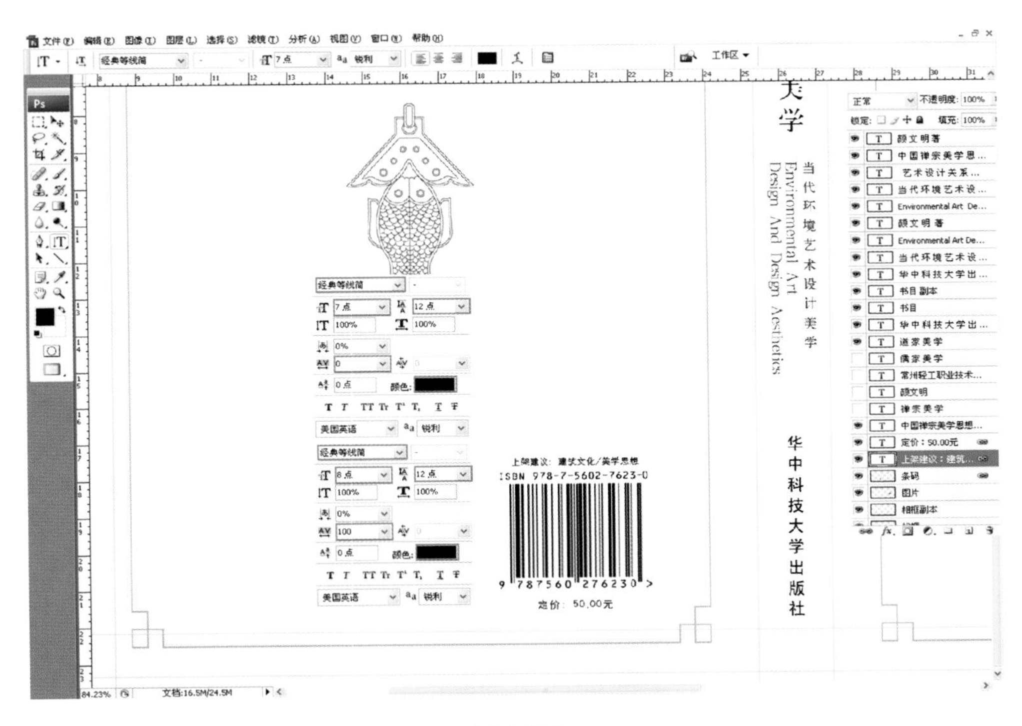

图 2-164

(8) 在工具栏中选择 T 横排文字输入工具，输入文字时采用段落文字输入方法，按住鼠标左键不放，在画面中拖曳出一个虚线选框以后，再输入封面勒口部分的作者个人简介文字内容，打开字符编辑面板，在面板中调整参数，如图 2-165 所示。

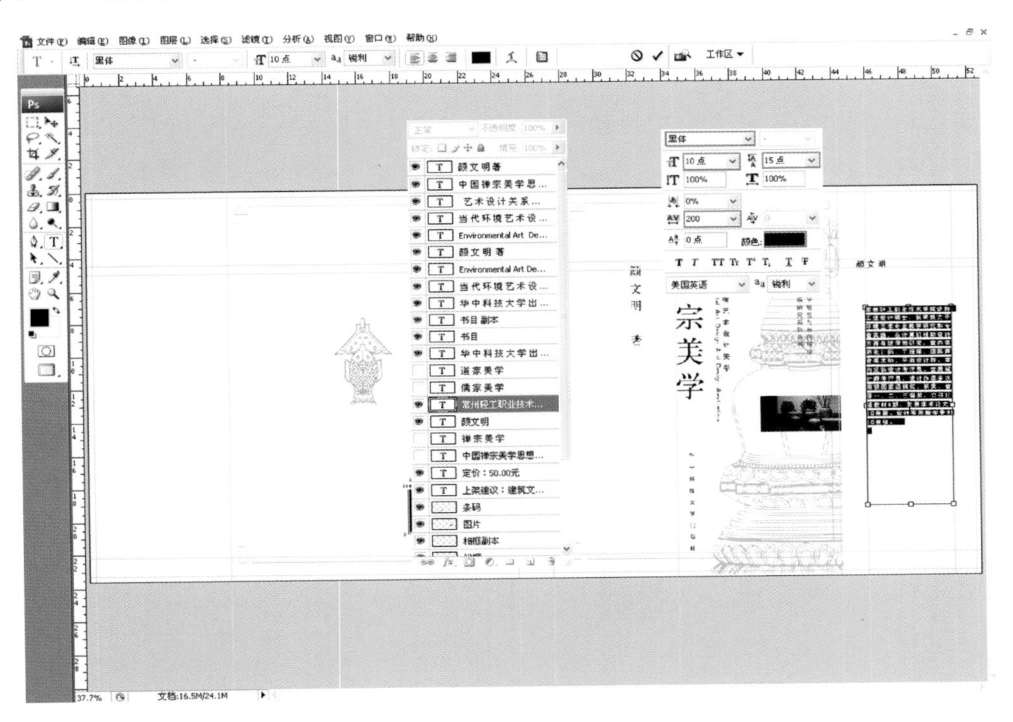

图 2-165

(9) 在工具栏中选择 T 横排文字输入工具，输入文字时采用段落文字输入方法，按住鼠标左键不放，在画面中拖曳出一个虚线选框以后，再输入封底勒口部分的丛书名等文字内容，打开字符编辑面板，在面板中调整参数，如图 2-166 所示。

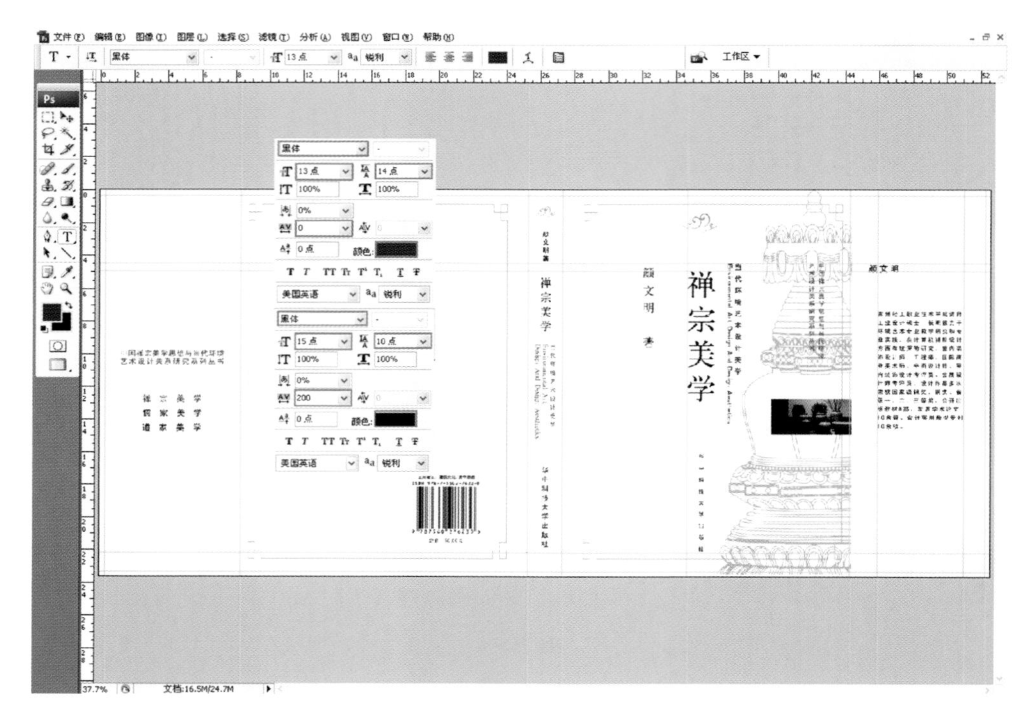

图 2-166

4. 输出保存

（1）在工具栏中选择线条工具，在封底勒口部分的丛书名文字下绘制一条水平的线条，R、G、B 设置为 81、57、22。

（2）按快捷键 Ctrl + Shift + S，在弹出的“存储为”对话框中将该图像文件命名为禅宗美学书籍封面设计.jpg。最终效果如图 2-167 所示。

图 2-167

项目小结

本项目内容从易到难、从简到繁，讲解了平面设计专业图像处理、版式设计、图形设计表现的方法、步骤、原理以及经验，直观有效地介绍了 Photoshop 软件的具体运用，将菜单命令、工具结合起来，在实际制作项目中应该灵活运用所学到的知识。

项目三 Photoshop在环境艺术设计中的应用

PHOTOSHOP

TUXIANG

CHULI

SHIXUN

项目任务分解

项目任务主要针对环境艺术设计专业的效果图设计后期表现，设置了室内和室外效果图后期表现任务，从文件的导入一直到文件的调整和输出，从简到繁、从易到难地进行详细、有效的讲解和分析。

项目实施要求

（1）掌握 Photoshop 图像处理常用工具的运用方法。

（2）掌握常用的菜单命令。

（3）熟练运用图像调整命令。

（4）掌握效果图后期表现的步骤和方法。

项目实践目标

本项目的主要学习目标是，结合环境艺术设计专业的效果图后期表现，运用 Photoshop 软件进行图像处理，解决在室内外效果图设计表现中的一些不足之处，三维软件中表现效果不是太明确的问题，以及效果图特定气氛的营造。

单元一

简欧卧室室内效果图后期表现

知识点一　Photoshop 后期调整输入 ONE

在 Photoshop 中对效果图进行后期处理的话，首先需要在 3ds Max 中渲染出通道图。

1. 导入、复制图像

（1）启动 Photoshop 软件，按快捷键 Ctrl＋O，如图 3-1 所示，在弹出的“打开”对话框中选择“项目三”中的简欧卧室. tga 图像文件并将其打开，同时选择打开“项目三”中的简欧卧室通道. tga 图像文件。

（2）按住 Shift 键，用移动工具，将通道图文件拖到渲染图文件上，使两个文件完全重合，如图 3-2 所示。

（3）按住 Shift 键，把简欧卧室通道图拖曳到简欧卧室图上，单击 按钮，不显示简欧卧室通道文件，如图 3-3 所示。

（4）复制背景图层，单击 按钮，不显示背景图层，如图 3-4 所示。

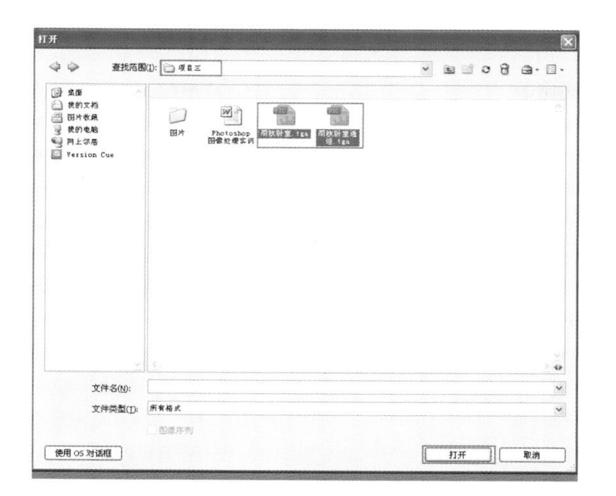

图 3-1

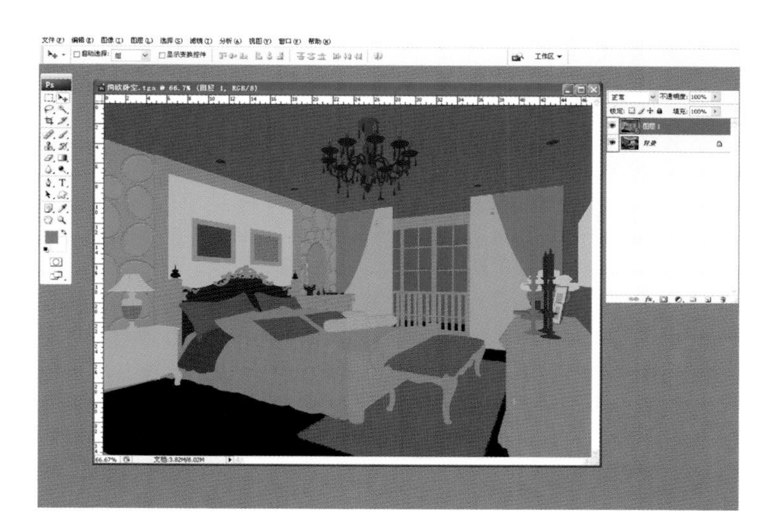

图 3-2

图 3-3

图 3-4

2. 空间选区调整

(1) 单击简欧卧室通道图层前端的 按钮,显示该图层,并且使该图层处于选择图层,单击 魔棒工具按钮,在画面中单击墙体和顶面的色块,执行"选择"→"选择相似"命令,把所有的墙体选中,如图 3-5 所示。

图 3-5

（2）切换到简欧卧室图层，对画面的亮度进行调整，执行“图像”→“调整”→“曲线”命令或按快捷键 Ctrl＋M，在弹出的如图 3-6 所示的“曲线”对话框中进行设置。

图 3-6

（3）用同样的方法把地面、背景墙、柱面、装饰品等室内界面进行曲线调整，调整完的效果如图 3-7 所示。

图 3-7

(4) 观察画面，对效果图画面的黑白关系进行校正。执行"图像"→"调整"→"色阶"命令或按快捷键 Ctrl+L，在弹出的如图 3-8 所示的"色阶"对话框中进行设置。

图 3-8

(5) 对画面的各种色彩关系进行校正，更改图像的总体颜色混合程度。执行"图像"→"调整"→"色彩平衡"命令或按快捷键 Ctrl+B，在弹出的如图 3-9 所示的"色彩平衡"对话框中进行设置。

图 3-9

(6) 对画面的色彩饱和度进行校正，更改效果图画面的鲜艳程度。执行"图像"→"调整"→"色相/饱和度"命令或按快捷键 Ctrl+U，在弹出的如图 3-10 所示的"色相/饱和度"对话框中进行设置。初步调整效果如图 3-11 所示。

图 3-10

图 3-11

知识点二　效果图整体调整与保存　TWO

(1) 对画面的对比度进行校正，更改图像的总体黑白对比关系。执行"图像"→"调整"→"亮度/对比度"命令，在弹出的如图 3-12 所示的"亮度/对比度"对话框中进行设置。

图 3-12

(2) 现在，画面的整体色调已得到很好的改善，但是画面的清晰度还是不够。执行"滤镜"→"USM 锐化"命令，对画面进行锐化设置，如图 3-13 所示。

图 3-13

(3) 按快捷键 Ctrl + Shift + S，在弹出的“存储为”对话框中将该图像文件命名为简欧卧室完成图.jpg，保存在“项目三”文件夹中。最终效果如图 3-14 所示。

图 3-14

单元二

集装箱客厅室内效果图后期表现

知识点一 Photoshop 后期调整输入 ONE

在 Photoshop 中对效果图进行后期处理的话，首先需要在 3ds Max 中渲染出通道图。

1. 导入、复制图像

(1) 启动 Photoshop 软件，执行“文件”→“打开”命令，或按快捷键 Ctrl + O。如图 3-15 所示，在弹出的“打开”对话框中选择“项目三”中的集装箱客厅效果图.jpg 图像文件并将其打开，同时打开“项目三”中的集装箱客厅通道图.jpg 图像文件。

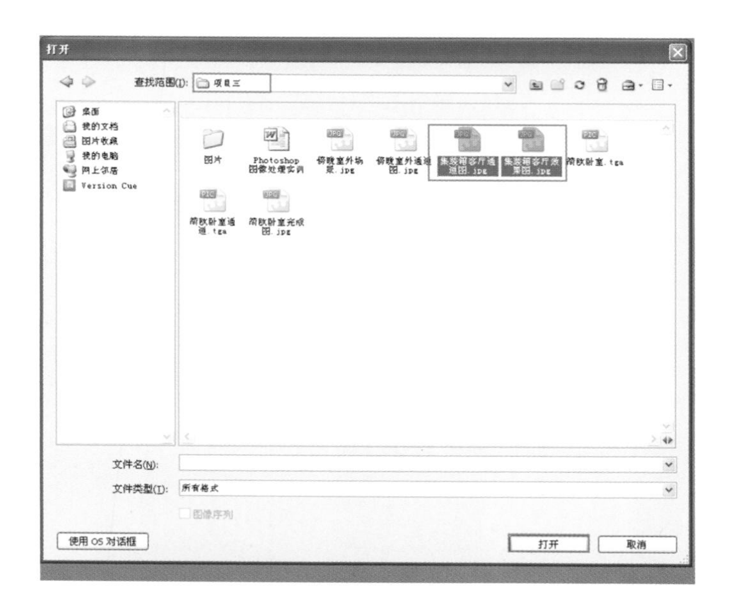

图 3-15

(2) 将通道图文件画面全选，并且复制，切换到效果图文件，进行粘贴，使两个文件完全重合，如图 3-16 所示。

图 3-16

(3) 单击按钮，不显示集装箱客厅通道图文件，复制背景图层，单击按钮，不显示背景图层，如图 3-17 所示。

2. 空间选区调整

(1) 单击集装箱客厅通道图图层前端的按钮，显示该图层，并且使该图层处于选择状态，单击魔棒工具按钮，在画面中单击墙顶面的色块，执行“选择”→“选择相似”命令，把所有的墙体选中，如图 3-18 所示。

图 3-17

图 3-18

(2) 切换到集装箱客厅效果图，对画面的亮度进行调整，执行“图像”→“调整”→“曲线”命令或按快捷键 Ctrl＋M，在弹出的如图 3-19 所示的“曲线”对话框中进行设置。

图 3-19

(3) 用同样的方法对地面、背景墙、柱面、室内家具等室内界面进行曲线调整，调整完的效果如图 3-20 所示。

图 3-20

(4) 观察画面，对效果图画面的黑白关系进行校正。执行“图像”→“调整”→“色阶”命令或按快捷键 Ctrl + L，在弹出的如图 3-21 所示的“色阶”对话框中进行设置。

图 3-21

(5) 对画面的各种色彩关系进行校正，更改图像的总体颜色混合程度。执行“图像”→“调整”→“色彩平衡”命令或按快捷键 Ctrl + B，在弹出的如图 3-22 所示的“色彩平衡”对话框中进行设置。

图 3-22

(6) 对画面的色彩饱和度进行校正，更改效果图画面的鲜艳程度。执行“图像”→“调整”→“色相/饱和度”命令或按快捷键 Ctrl+U，在弹出的如图 3-23 所示的“色彩平衡”对话框中进行设置。初步调整效果如图 3-24 所示。

图 3-23

图 3-24

知识点二 效果图后期气氛营造 TWO

在该项目中需要渲染下午阳光的效果，在渲染的过程中有太阳光，但不是太强烈，为了制作太阳光线，需要进行后期的绘制与调整。

(1) 使集装箱客厅效果图处于选择状态，在工具栏中选择多边形套索工具，在画面中绘制多边形，形状如图 3-25 所示，并且对选区进行羽化，羽化值为 50。

图 3-25

(2) 新建图层，命名为阳光层，执行"编辑"→"填充"命令对选区进行前景色填充，前景色 R、G、B 分别为 244、193、152。颜色偏米白，接近阳光颜色，如图 3-26 所示。

图 3-26

(3) 选择阳光层,改变图层的不透明度为 25%,如图 3-27 所示。

图 3-27

(4) 按快捷键 Ctrl+D,取消选区,在工具栏中选择多边形套索工具,在画面中绘制多边形,形状如图 3-28 所示,并且对选区进行羽化,羽化值为 20。

图 3-28

(5) 选择阳光层，利用选区，并且删除选区部分图像，如图 3-29 所示。

图 3-29

(6) 按快捷键 Ctrl + D，取消选区，在工具栏中选择渐变工具，渐变类型选择前景色到透明。选择阳光层，给该图层增加图层蒙版，并在蒙版上进行渐变绘制。原则是光线从窗户口照射到地面，由透明到不透明的变化，如图 3-30 所示。

图 3-30

(7) 复制客厅层为客厅层副本，使客厅层副本为工作图层，执行"图像"→"调整"→"色彩平衡"命令或按快捷键 Ctrl + B，调整色彩平衡，如图 3-31 所示，执行"图像"→"调整"→"色相/饱和度"命令或按快捷键 Ctrl + U，调整画面饱和度，使其接近傍晚的色彩，如图 3-32 所示。

图 3-31

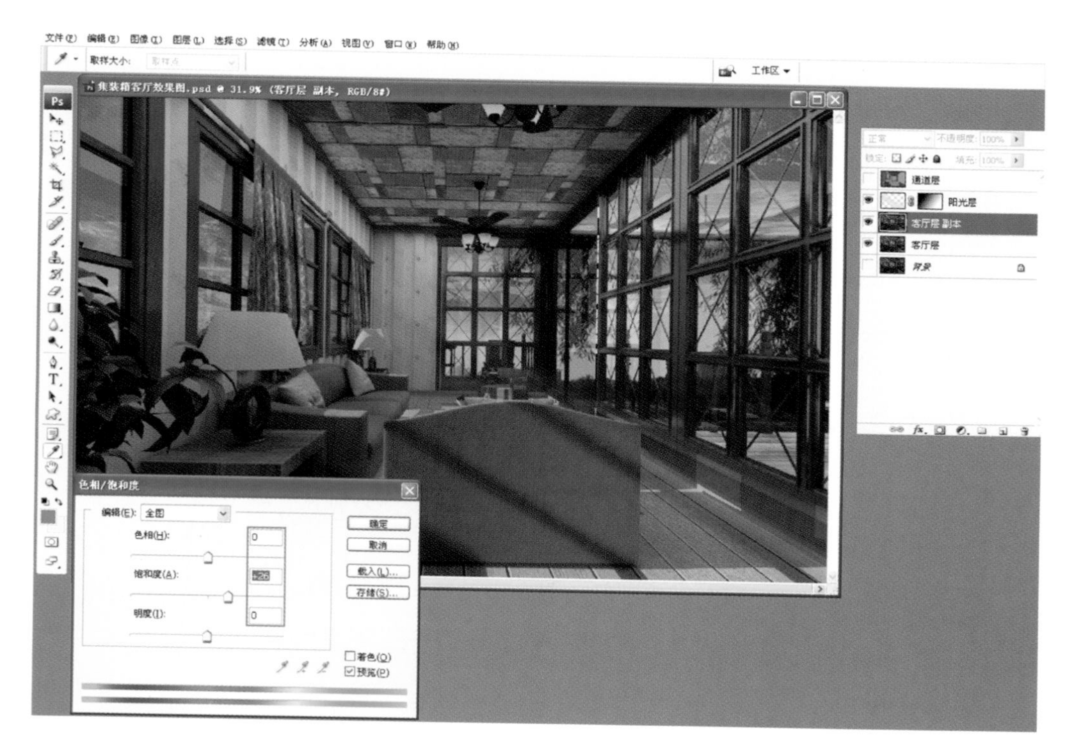

图 3-32

(8) 使客厅层副本为工作图层，图层混合模式选择叠加效果，改变该图层的不透明度为 50%，如图 3-33 所示。切换到阳光层，图层混合模式选择柔光效果，调整该图层的不透明度为 70%，如图 3-34 所示。

图 3-33

图 3-34

知识点三　效果图整体调整与保存 THREE

(1) 选择阳光层、客厅层和客厅层副本，按快捷键 Ctrl + E，合并这三个图层。设计者根据个人经验，利用"图像"菜单的"调整"子菜单下的命令自行调整画面整体的效果，如图 3-35 所示。

图 3-35

(2) 对画面的对比度进行校正，更改图像的总体黑白对比关系。执行"图像"→"调整"→"亮度/对比度"命令，在弹出的如图 3-36 所示的"亮度/对比度"对话框中进行设置。

图 3-36

(3) 改善画面的清晰度。执行“滤镜”→“锐化”命令，对画面进行锐化设置。

(4) 按快捷键 Ctrl + Shift + S，在弹出的“存储为”对话框中将该图像文件命名为集装箱客厅完成图. jpg，保存在“项目三”文件夹中。最终效果如图 3-37 所示。

图 3-37

单元三

傍晚室外建筑效果图后期表现

建筑效果图的制作，首先要考虑构图问题。构图技巧来源于设计者平时作画经验的积累，所以在这里对如何构图不再详解。接下来要考虑的是效果，这在效果图的整个制作过程中是极为重要的。

知识点一 Photoshop 后期调整输入 ONE

在 Photoshop 中对效果图进行后期处理的话，首先需要在 3ds Max 中渲染出通道图。

1. 导入、复制图像

(1) 启动 Photoshop 软件，按快捷键 Ctrl + O，如图 3-38 所示，在弹出的“打开”对话框中选择“项目三”中的傍晚室外场景. jpg 图像文件并将其打开，同时打开“项目三”中的傍晚室外通道图. jpg 图像文件。

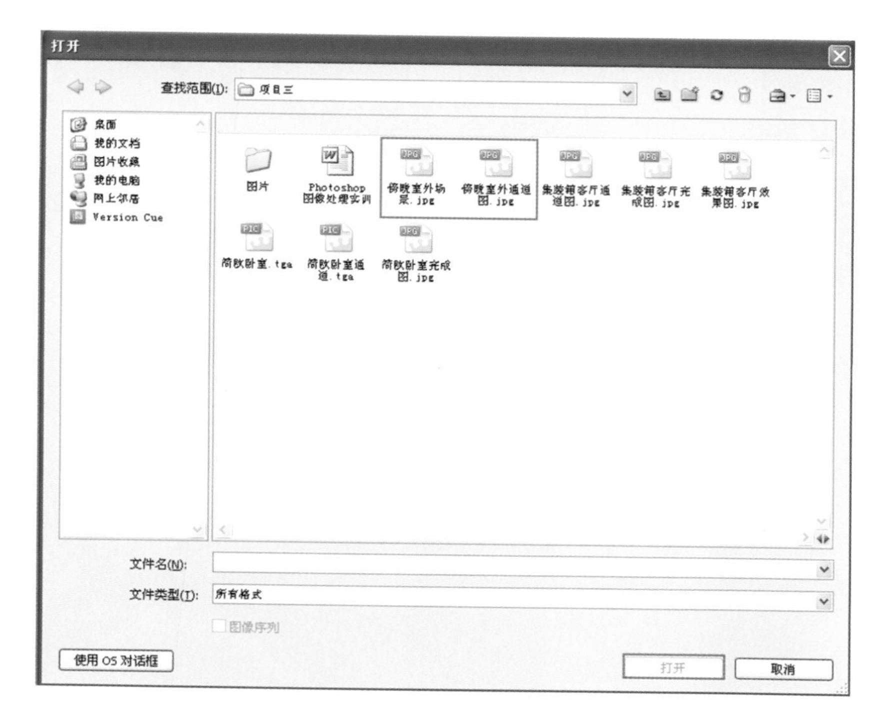

图 3-38

（2）按住 Shift 键，用移动工具，将通道图文件拖到傍晚室外场景文件上，使两个文件完全重合，如图 3-39 所示。

图 3-39

（3）在图层面板上单击 按钮，不显示傍晚室外通道图文件，复制背景图层，并命名为室外场景。单击背景图层前方的 按钮，不显示背景图层，如图 3-40 所示。

图 3-40

2. 画面背景调整

(1) 单击通道图层前方的 按钮，显示该图层，并且使该图层处于选择状态，单击 魔棒工具按钮，在画面中单击场景背景部分黑色区域，执行“选择”→“选择相似”命令，把所有的背景选中，如图 3-41 所示。

图 3-41

(2) 在图层面板上单击 按钮,不显示傍晚室外通道图文件,切换到室外场景图层,如图 3-42 所示。

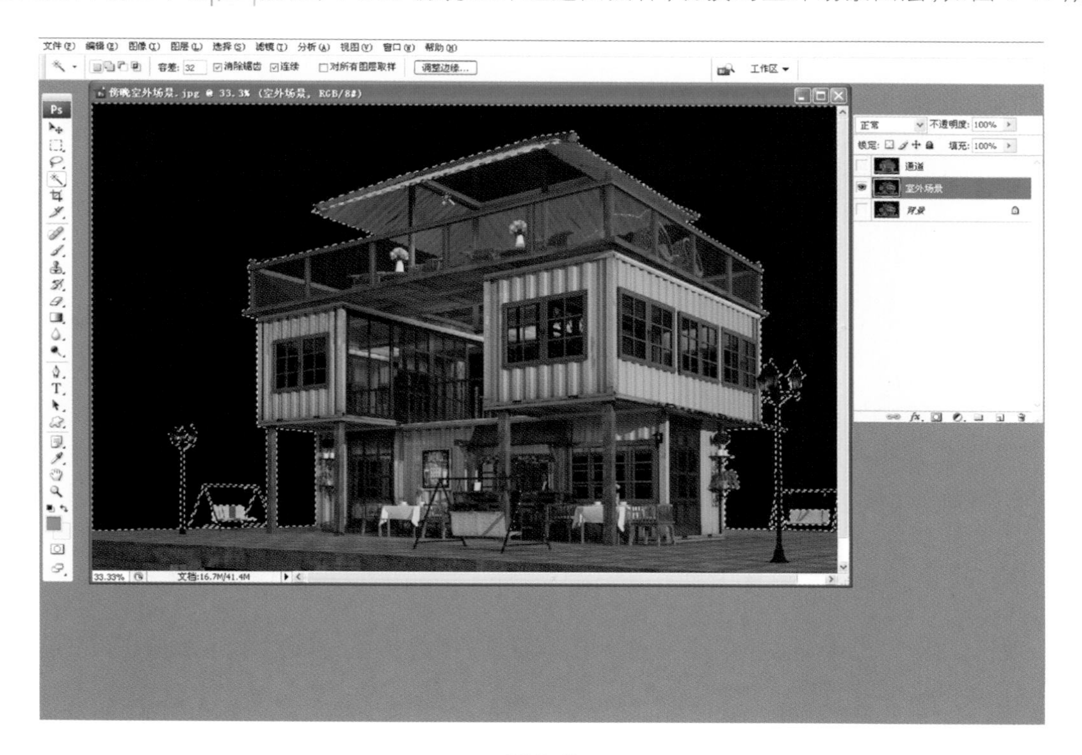

图 3-42

(3) 按快捷键 Ctrl + O,在弹出的"打开"对话框中选择"项目三"/"室外配景"中的傍晚. jpg 文件并将其打开,如图 3-43 所示。

图 3-43

(4) 按快捷键 Ctrl + A,选中后期场景背景图片傍晚. jpg 文件,按快捷键 Ctrl + C,复制文件,切换到室外场景图层上,按快捷键 Ctrl + Shift + V 对选区进行粘贴,如图 3-44 所示。

图 3-44

(5) 按快捷键 Ctrl + T,对该选区进行大小、透视的调整,如图 3-45 所示。对背景区域图片进行曲线、色相、饱和度等参数的调整。最终效果如图 3-46 所示。

图 3-45

图 3-46

知识点二 画面整体、局部效果调整 TWO

1. 前景整体调整

（1）在图层面板上复制室外场景图层，并命名为室外场景副本。单击通道图层前方的 按钮，显示该图层，并且使该图层处于选择状态，单击 魔棒工具按钮，在画面中单击场景背景部分黑色区域，执行“选择”→“选择相似”命令，把所有的背景选中，切换到室外场景副本图层，删除该图层的背景，如图 3-47 所示。

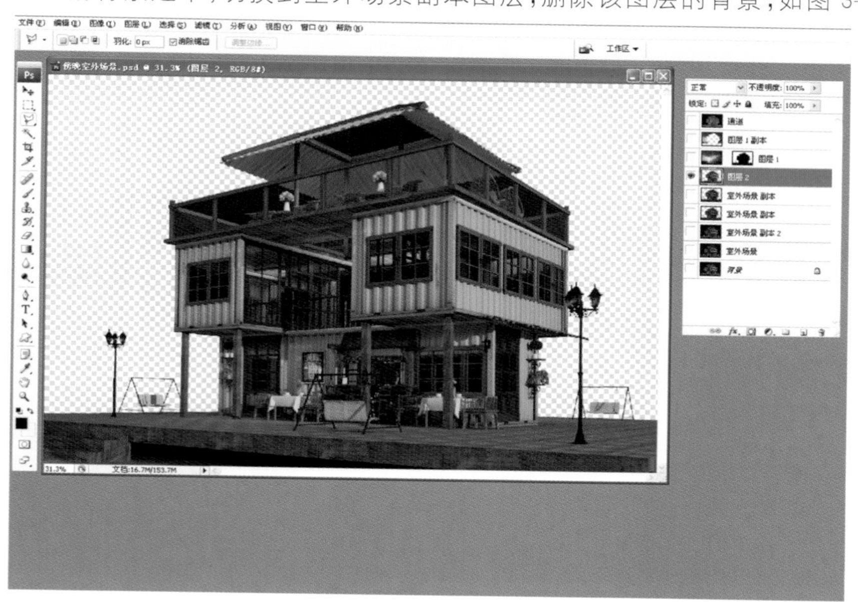

图 3-47

(2) 切换到室外场景副本图层，对画面的亮度进行调整，执行“图像”→“调整”→“曲线”命令或按快捷键 Ctrl+M，在弹出的如图 3-48 所示的“曲线”对话框中进行设置。

图 3-48

(3) 观察画面，对效果图画面的黑白关系进行校正。执行“图像”→“调整”→“色阶”命令或按快捷键 Ctrl+L，在弹出的如图 3-49 所示的“色阶”对话框中进行设置。

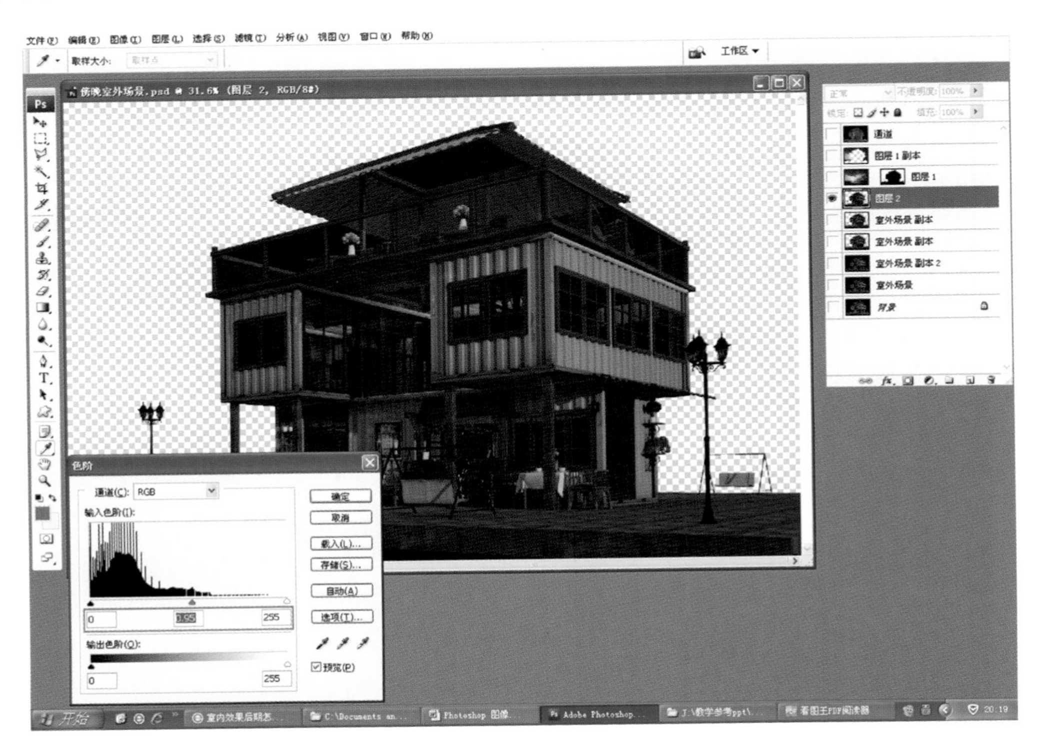

图 3-49

（4）对画面的各种色彩关系进行校正，更改图像的总体颜色混合程度。执行“图像”→“调整”→“色彩平衡”命令或按快捷键 Ctrl＋B，在弹出的如图 3-50 所示的“色彩平衡”对话框中进行设置。

图 3-50

（5）对画面的色彩饱和度进行校正，更改效果图画面的鲜艳程度。执行“图像”→“调整”→“色相/饱和度”命令或按快捷键 Ctrl＋U，在弹出的如图 3-51 所示的“色相/饱和度”对话框中进行设置。

图 3-51

2. **前景局部调整**

(1) 营造主体前景的光照效果，在工具栏中选择多边形套索工具，在画面中绘制多边形，形状如图 3-52 所示，并且对选区进行羽化，羽化半径为 200，如图 3-52 所示。

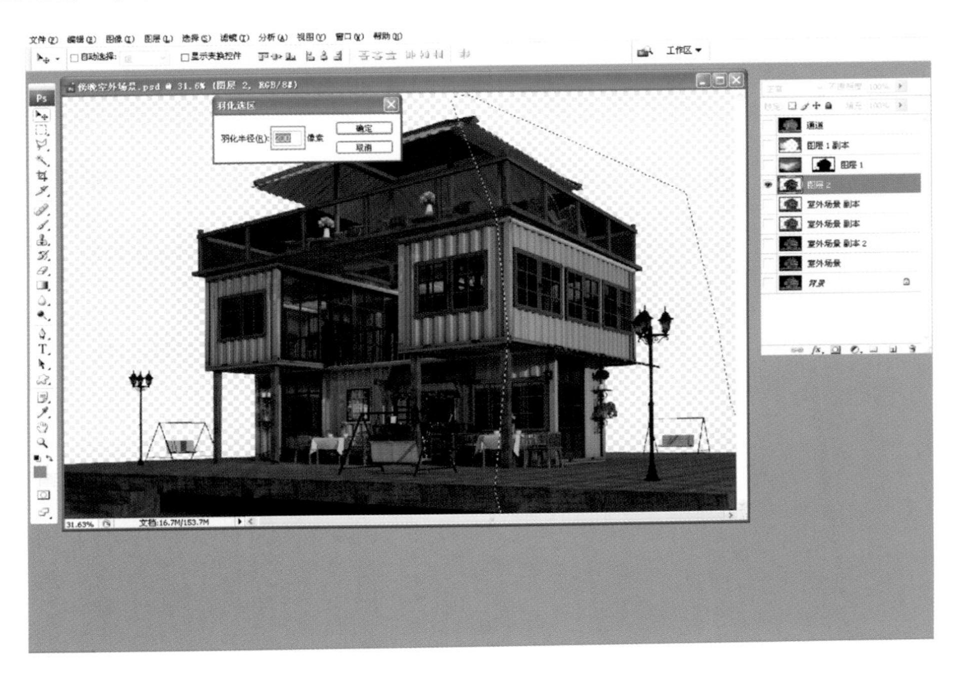

图 3-52

(2) 对前景主体光感进行调整，利用多边形套索工具选择时，结合菜单命令对曲线、色相、饱和度、色阶等参数进行调整。多次重复前几个步骤，对画面进行调整，主要是根据背景颜色和气氛，把前景主体的整体和局部细节调整到合理状态，最终效果如图 3-53 所示。

图 3-53

知识点三 场景配景的导入调整 THREE

1. 完善主体场景

（1）单击通道图层前端的 按钮，显示该图层，并且使该图层处于选择状态，单击 魔棒工具按钮，在画面中单击场景中的玻璃护栏区域，执行“选择”→“选择相似”命令，把所有的玻璃护栏区域选中，如图 3-54 所示。

图 3-54

（2）打开“项目三”/“室外配景”中的傍晚.jpg 文件。按快捷键 Ctrl + A，选中后期场景背景图片傍晚.jpg 文件，按快捷键 Ctrl + C 复制文件，切换到室外场景副本图层，按快捷键 Ctrl + Shift + V 对选区进行粘贴，如图 3-55 所示。

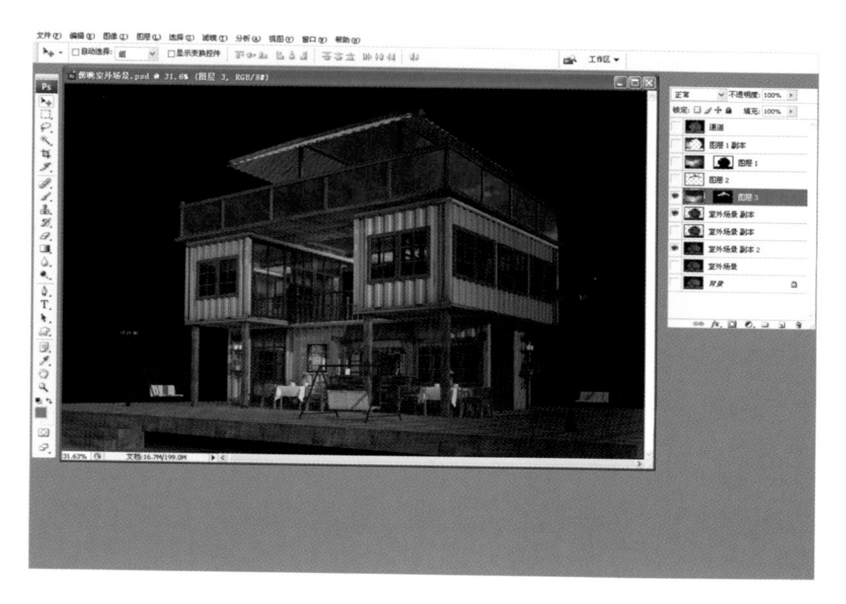

图 3-55

(3) 按快捷键 Ctrl + T 对该选区进行大小、透视的调整，整体的和前面的背景相似。并且对背景区域图片进行曲线、色相、饱和度等参数调整，在图层面板上设置不透明度参数。最终效果如图 3-56 所示。

图 3-56

2. 添加场景配景

(1) 按快捷键 Ctrl + O，在弹出的“打开”对话框中选择“项目三”/“室外配景”中的后期配景素材. psd 文件并将其打开，如图 3-57 所示。

图 3-57

(2) 选择工具面板中的移动工具，把后期配景素材.psd文件中需要用到的配景拖拽到场景中，如图3-58所示。

图 3-58

(3) 按快捷键Ctrl+T对配景进行大小、曲线、色相、饱和度等参数调整，如图3-59所示。

图 3-59

(4) 重复以上步骤，把场景需要的配景都调整到位，最终效果如图 3-60 所示。

图 3-60

(5) 给场景营造一点气氛。可以根据设计者要求，添加一些夕阳的光照，以及画面的冷暖色调，强化光感。具体操作参照本项目单元二中的阳光的制作步骤，最终效果如图 3-61 所示。

图 3-61

知识点四　效果图整体调整与保存　FOUR

（1）不需要的图层不显示，有用的图层显示并且进行链接，在图层面板文件中找到合并可见图层，如图 3-62 所示。

图 3-62

（2）对画面的对比度进行校正，更改图像的总体黑白对比关系。执行"图像"→"调整"→"亮度/对比度"命令，在弹出的如图 3-63 所示的"亮度/对比度"对话框中进行设置。

图 3-63

(3) 改善画面的清晰度。执行“滤镜”→“进一步锐化”命令，对画面进行锐化设置。

(4) 按快捷键 Ctrl + Shift + S，在弹出的“存储为”对话框中将该图像文件命名为室外场景完成.jpg，保存在“项目三”文件夹中。最终效果如图 3-64 所示。

图 3-64

项目小结

本项目讲解了环境艺术设计专业效果图后期表现的方法、步骤等，直观有效地介绍了 Photoshop 软件的具体运用。对于一个设计者来讲，不应受软件的限制，在实际制作项目中应该灵活运用所学到的知识。

CANKAO WENXIAN

[1] 锐意视觉. Photoshop CS 4 从入门到精通[M]. 北京: 中国青年出版社,2009.

[2] 郭玉龙,吕静. Photoshop 图像处理[M]. 南京:南京大学出版社,2009.

[3] 颜文明. 3ds Max/VRay 室内空间设计效果图表现[M]. 北京:中国建材工业出版社,2012.